神の川永遠に

イタイイタイ病勝訴50年

宮田 求

北日本新聞社編集局

神の川 永遠に

イタイイタイ病勝訴50年

序文

人の記憶は日々薄れていく。だが、どれだけの年月を経ても、決して忘れてはならないことがある。富山市の神通川流域で発生した四大公害病の一つ、イタイイタイ病（イ病）もそうだろう。川の上流、岐阜県の企業から排出されたカドミウムが富山の自然をむしばみ、多くの人を長い間苦しめてきた。しかも、その苦悩は今も終わっていない。それでも、時の流れとともに記憶の風化が進むのは避けられず、被害地域でも無関心な人が増え、イ病の歴史と教訓の伝承に向けた行政の動きも滞りがちになっている。

そんな状況に危機感を抱き、イ病訴訟一審で患者が勝訴してから50年を迎えた2021年に展開したのが、本紙キャンペーン連載「神の川　永遠《とわ》に―イ病勝訴50年」だ。

その前年から新型コロナの感染拡大が始まり、「未知のウイルス」への恐怖心もあって、世間には息苦しさが漂っていた。ある意味で人命と経済をてんびんにかけ、方向が定まらないそのうろたえようが、公害という「負の遺産」を生んだ高度経済成長期の日本の姿を想起させた。イ病克服の道のりをたどることで、コロナが及ぼす社会の閉塞《へいそく》感と向き合うヒントが得られるのではないか。連載には、そんな思いも込めた。

こうした観点から、単に歴史を振り返るのではなく、今を生きる私たちの目線でイ病を捉え直し、再定義することを目指した。

留意したのは「差別と偏見」「風評被害」など、コロナ下の社会情勢と重なる視点を提示することだ。イ病患者や支援団体への差別、嫌がらせを通して、過剰な社会防衛意識や同調圧力を引き起こしやすい日本社会の病理を示し、イ病は「過去の出来事」と一蹴してはいけない問題をはらんでいることを伝えたかった。

2022年8月に掲載した続編では、汚染から復元された水田で地盤が軟弱になって農作業に支障を来している問題や、新たに認定された91歳女性患者の苦悩に寄り添うことで、いったん引き起こされた公害に終わりはないという実態を多くの人に知ってもらいたかった。

神通川がかつて「神様が通られる川」と呼ばれていたことにちなみ、連載および本書のタイトルとした。その名にふさわしい清流として末永く守り継いでいってほしいという思いとともに、人々の心にイ病の教訓が改めて深く刻まれるよう、願いを込めた。併せて、一人一人の生き方や望ましい社会の在り方を探る手掛かりをくみ取っていただければ、望外の喜びである。

北日本新聞社専務取締役編集局長　岩本　聡

神の川 永遠に 目次

本書は、北日本新聞で２０２１年２～７月に掲載した「神の川　永遠《とわ》に――イ病勝訴50年」プロローグと本編、22年8月掲載の続編を一部加筆しました。人物の年齢は22年12月現在のものです。21年のキャンペーン連載は平和・協同ジャーナリスト基金賞・奨励賞、新聞労連ジャーナリズム大賞・特別賞、農業ジャーナリスト賞を受けました。

イ病の原因となるカドミウム汚染を解消し、清流がよみがえった神通川。
克服の歴史には、多くの教訓が刻まれている＝富山市婦中町添島の左岸から撮影

骨がもろくなり、くしゃみやせきをしただけで激痛が走り、骨が折れる。かつて、神通川流域のイタイイタイ病患者らに起きた惨劇だ。上流の三井金属鉱業神岡鉱業所(岐阜県飛騨市)から流れ出るカドミウムを摂取したのが原因だった。2021年、患者が同社に賠償を求めた訴訟で勝訴してから50年の節目を迎えた。未来へ受け継ぐべき教訓とは。風化させないため、私たちは何をすべきか。生きる価値を見詰め、問い直したい。

プロローグ編

〝毒の水〟知らず飲む

水は白く濁り、川底にはアユの死骸が無数に散らばっていた。訴訟の原告で、ただ1人存命の富山市婦中町萩島、髙木良信《りょうしん》さん（92）が思い浮かべる1940年代の神通川の光景だ。濁りの正体は、約35キロ上流の神岡鉱山から流れ出たカドミウムなどの重金属。「今、思えば〝毒水〟に囲まれる生活やった」。髙木さんは振り返る。

その水は神通川から集落に用水として引き込まれ、田んぼを潤すだけでなく、そのまま飲んだり、煮炊きに使ったりしていた。古くから多くの恵みをもたらしてきた神通川への親しみは深く、毒物が含まれているとは思いもしなかった。

「神様が通られる川の水は冷たくて、おいしい」。神聖な川の名前から、そう口にする人もいた。

コメや飲み水、川魚…。住民らは、これらに含まれるカドミウムを知らず知らずのうちに摂取した。そして、腎臓障害を起こし、骨がもろくなっていった。くしゃみやせきはもちろん、毛布を掛けられただけで激痛が走った。イタイイタイ病である。
昼も夜もなく苦しむさまから、病名が付いた。

＊

高木さんの家族で、この病にかかったのは祖母と母だ。母のよしさんは47年ごろから手足がしびれ、太ももや腰が痛むようになった。くしゃみをするたびに「いたたたた…」と、苦しげに胸を押さえた。歩くのが不自由になり、52年ごろには、はうことしかできなかった。体の異変を感じてから8年ほど後の55年12月、寝たきりになっていたよしさんが亡くなった。62歳だった。

「その時分は、年取りゃ、体のあちこちが痛くなって、動かれんようになって、死ぬんだと。そんなふうに思っとった」。高木さんは当時の認識を説明する。

だが、そんな症状の患者が出るのは、神通川から用水を引き込んでいる婦中地域や富山市新保地区などのエリアに限られていた。

原因不明の病が特定の地域に発生することから、前世の因縁が絡む「業病」、「風土病」とも言われた。「あそこから嫁をもらえんし、嫁にも行かせられん」。そんな偏見が広がり、

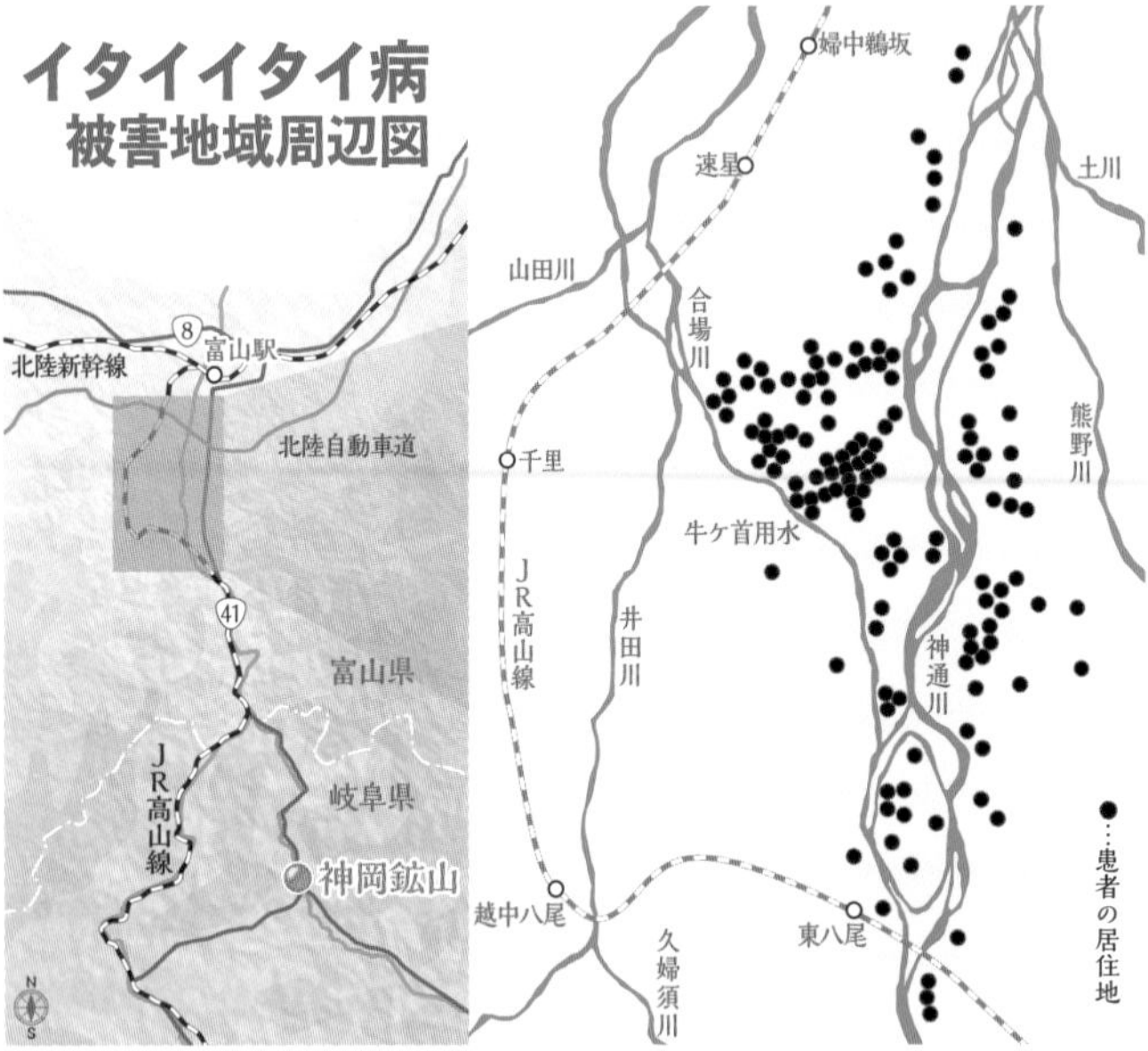

神通川の河原で上流を指さしながら、かつて水が白く濁っていた様子を語る髙木さん
＝富山市婦中町青島

住民をさらに追い詰めた。

苦悩を抱えた患者らと向き合ったのが、地元で開業する萩野病院の院長、萩野昇医師だった。

有効な治療法が見いだせない中、その糸口を探りたいと思ったのだろう。55年8月、東京からリウマチの研究に訪れた整形外科医と共に、大勢の患者を検診した。高木さんもリヤカーでよしさんを連れて行った。萩野医師から「何としてでも来い」と強く勧められ、いちるの望みを託したからだ。

当時はまだ、イ病の存在は広く知られておらず、集団検診の様子を報じた北日本新聞は「これまで、これほどの奇病が医学の光にさえぎられていたのがまず不思議な話だが」と記している。

＊

萩野医師は一つの学説を打ち出す。「病の原因は亜鉛による鉱毒」。神通川が濁ったときに川魚の死骸が目立つことに着目して導き出した答えだった。しかし、その分析に精密さを欠いていたため、「栄養不良が原因」との見方が強い医学界には受け入れられなかった。

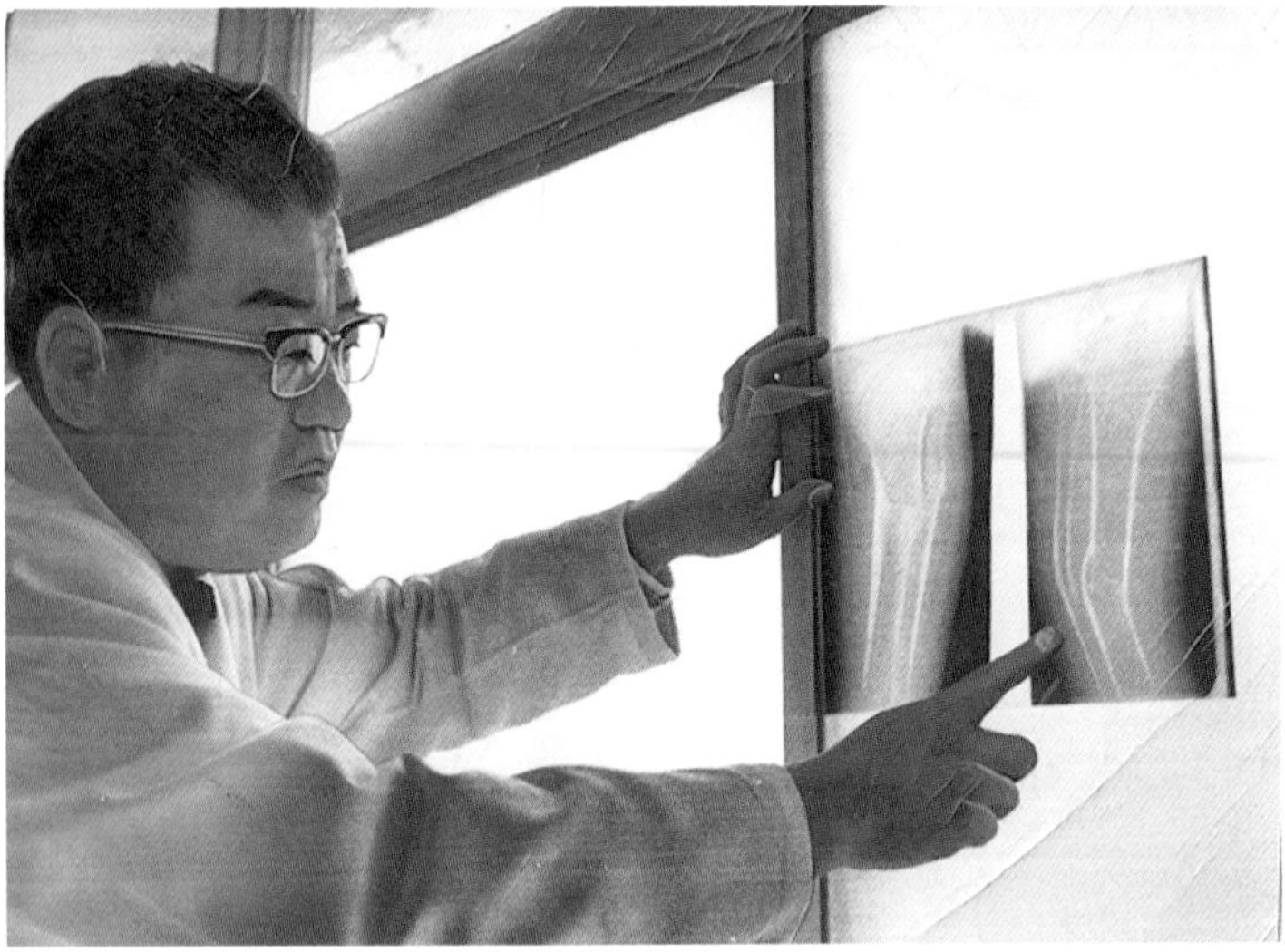

骨のX線写真を診る萩野医師＝1968年ごろ

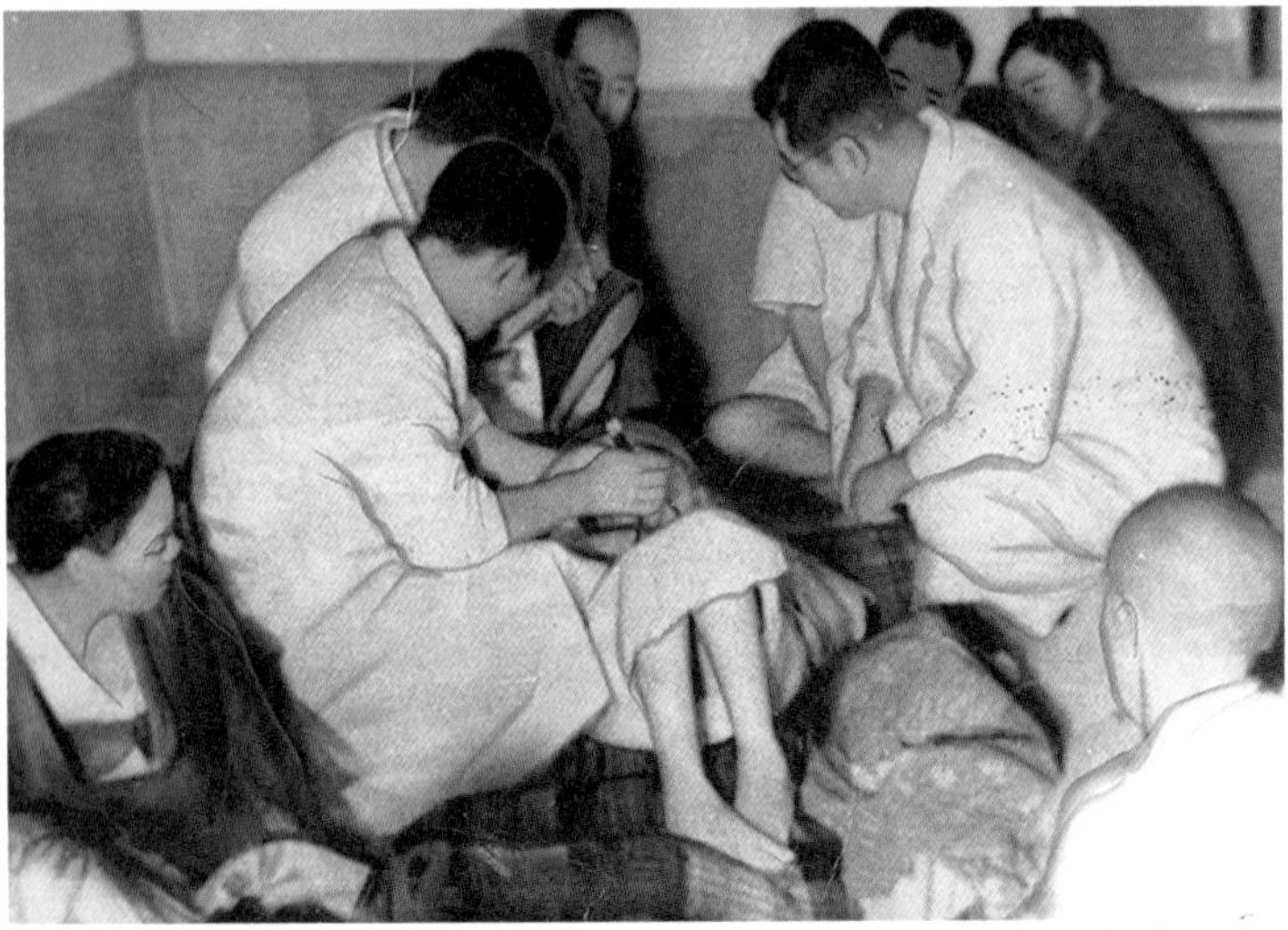

東京の整形外科医らによるイ病患者の集団検診＝1955年、婦中町熊野地区

それでも萩野医師の原因究明への熱は冷めない。60年ごろ、農学・経済学博士で、後に金沢経済大学長などを務めた吉岡金市氏、小林純・岡山大教授と共同研究に着手。当時の最先端の分析法を駆使し、患者居住地の土壌や農作物、患者の体内から高濃度のカドミウムを検出した。

大きな成果だった。「神岡鉱山からカドミなどの重金属が流出→神通川を経て田んぼに入る→カドミがコメなどに蓄積→健康被害」。一連のメカニズムを解明し、61年、報告書にまとめられた。

最初の患者が出たと推定される明治末期の1911年から半世紀。患者に科学の光がようやく当たり、救済への突破口となった。

戸籍を懸けて闘う

「カドミ原因説」を主張した当初、萩野医師への風当たりは強かった。「鉱山から金を取ろうとしている」などと中傷を浴び、「悪い風評が広がる」との反発もあった。

苦境に立たされた萩野医師は1966年、住民に行動を促した。「俺がこれだけ、病気の原因がカドミウムだと言うとるがに、被害者が黙っとっていいがか」。高木さんに訴えたという。

高木さんらが協力を求めたのが青年団や地区のリーダーを務めていた小松義久さんだった。共に地区住民に呼び掛け、患者救済を目指す住民組織としてイタイイタイ病対策協議会(イ対協)を設立。これを機に、萩野医師の講演が集落ごとに開かれ、カドミ原因説への理解が広がっていく。

67年、会長の小松さん、副会長の高木さんら主要メンバーが2回にわたり三井金属鉱業神岡鉱業所へ出向き、患者への補償を求めた。しかし、企業側は責任を一切認めず、陳情書の受け取りすら拒否した。

「口や文書で何言うとっても、前に進まん」。そんな思いが患者や家族に広がり、68年3月、富山地裁への提訴に踏み切った。

イ対協のメンバーは神通川対岸の富山市新保地区などにも拡大。革新政党や労働団体の支援も得て、運動は大きなうねりとなった。

髙木さんは、母の相続人として原告に加わった。「親の敵討ちですね。毒水を流して、たくさんの人を病気にさせたという責任。これは神岡鉱山に取らせせんにゃんならんと」。その時抱いた決意である。

一方、提訴への反発も根強く、小松さんはそうした声を正面から受け止めた。「コメが売れなくなる」と息巻く住民に、殴られそうになったこともあったが、反論せず、「その怒りを企業、国にぶつけよう」と説得した。物静かな語り口に誠実さがにじみ、一人一人賛同者を増やしていった。

それでも、自宅への嫌がらせ電話が相次ぎ、訴訟を続けるのは並大抵ではなかった。「万一、敗れることがあれば…先祖代々の戸籍を持って出ていかなくてはいけない。子孫、将来のためにやるしかない」。小松さんは集会の場で、悲愴《ひそう》感を漂わせたこともある。この言葉をきっかけに、法廷闘争が「戸籍を懸けた闘い」と言われるようになった。

県法曹界の長老、正力喜之助弁護士を団長に、県内外から集まった弁護団は手弁当で法廷

イ病訴訟の一審勝利を報告する小松イ対協会長（右）、正力弁護団長（中央）ら
＝1971年6月、富山地裁

闘争を担った。戦略の柱としたのは、損害を発生させた企業側に過失がなくても、損害賠償を負わせられるという「無過失責任」の適用だ。企業側の故意や過失を証明せずとも、鉱山から流れ出たカドミウムによってイ病が発生したという因果関係を明らかにすることで、責任を立証することを目指した。

3年の審理を経た71年6月。富山地裁は患者側の主張を認め、企業側に賠償を求める判決を出した。

水俣病や新潟水俣病、四日市ぜんそくを含めた四大公害病訴訟の中で初の住民側勝訴として、歴史に刻まれている。

三井金属は控訴したものの、名古屋高裁金沢支部が翌72年8月、一審と同様の判断を下し、住民側の勝訴が確定した。

北日本新聞は「国の公害行政をも、住民側に立つよう鋭く問いつめている」と、判決の意義を伝えた。

イ病って何？　腎臓に障害 骨もろく

長期間にわたりカドミウムを体内に取り込むと、血液をろ過してできた尿のもとからリンやカルシウムを再吸収し、血液中に戻すという腎臓の働きに障害が起き、それらが尿と共に排せつされてしまう。このため、骨の硬い部分が形成されず、骨軟化症を引き起こす。

その骨はX線写真で筋状に見え、貧弱だ。筋肉に引っ張られる力に耐えられず、くしゃみやせきをしただけで激しい痛みが生じたり、わずかな衝撃で折れたりする。

主な治療法は活性型ビタミンDの投与だ。これにより、骨軟化症は改善し、かつてのような激痛にさいなまれることはなくなる。一方で、腎臓障害は一定程度進行すると、治すのが難しいとされる。

県がこれまでに認定した患者は２０１人、発症の可能性が否定できないとされる要観察者は３４４人。生存者は２０２２年12月１日時点で患者２人、要観察者１人だ。

イ対協 高木勲寛前会長に聞く

カドミ濃度 自然界値に

勝訴確定を起点に、住民らが神岡鉱山への立ち入り調査を続け、清流を取り戻した。その成果を受けて、全面解決合意を成し遂げた高木勲寛《くにひろ》・イ病対策協議会前会長（81）に、公害克服の歩みや今後の展望を聞いた。

—立ち入り調査をどう進めてきたか。

「協定締結時の1972年から毎年、現地に出向いている。大学などの専門家グループの支援を得て、調査結果を基に具体的な改善策を提案してきたのが最大の特長だ」

—企業側の姿勢は変わってきたか。

「当初は資料の提示などを巡り、せめぎ合いがあった。79年以降は、住民側の提案を受けた企業の取り組みや、カドミウム排出削減の状況を詳細に盛り込んだ年次報告書が開示されている。こちらで再びチェックし、さらなる改善につなげるという好循環が定着した」

―具体的な成果は。

「汚染地下水の流出防止などの対策が功を奏し、神通川水系のカドミウム濃度は自然界レベルまで減った。再発防止を企業任せにせず、住民が関わったからこそ、実現できた」

―2013年には企業側と「全面解決」の合意を締結した。

「企業側と構築した『緊張感ある信頼関係』の上に成り立ったと思う。被害地域の汚染農地復元事業が終了したことも契機となった」

―合意には、カドミウムによる腎臓障害を持つ人への健康管理支援一時金支給が盛り込まれた。

「（骨軟化症が起きる前段階の）腎臓障害のみの人はイ病患者に認定されない中、そうした人たちを救済する現実的な方策と考えている。今後も対象者の掘り起こしに努めたい」

―今後、汚染再発防止の取り組みをどう進めるか。

「神岡鉱山工場跡地のカドミ汚染土処理や、廃棄物たい積場の管理などの課題が残っている。今後も監視や提案を続けていく」

50年にわたる汚染防止の取り組みについて語る髙木前会長＝富山市婦中町萩島の清流会館

イタイイタイ病の歴史

明治

1868年　明治維新

1874年　三井組が神通川上流の神岡鉱山（岐阜県飛騨市）の経営に乗り出す

1894年　日清戦争

1904年　日露戦争

1911年　富山県の神通川流域に最初の患者発生（国の推定）

神岡鉱山

大正

1914年　第1次世界大戦

1918年　米騒動

昭和

1941年　太平洋戦争

1946年　3月　萩野病院（富山市婦中町）の萩野昇医師が診断を開始

1955年　10月　萩野医師らがイタイイタイ病について発表

1961年　6月　吉岡金市博士、萩野医師らが「カドミウム原因説」発表

イタイイタイ病は 鉱毒
婦中町の萩野医博が研究
患者から多量のカドミウム検出
きょう学会で発表
四年も動物実験重ねる
米や魚からも検出
県下に百五十人も患者

「北日本新聞」1961年6月24日朝刊

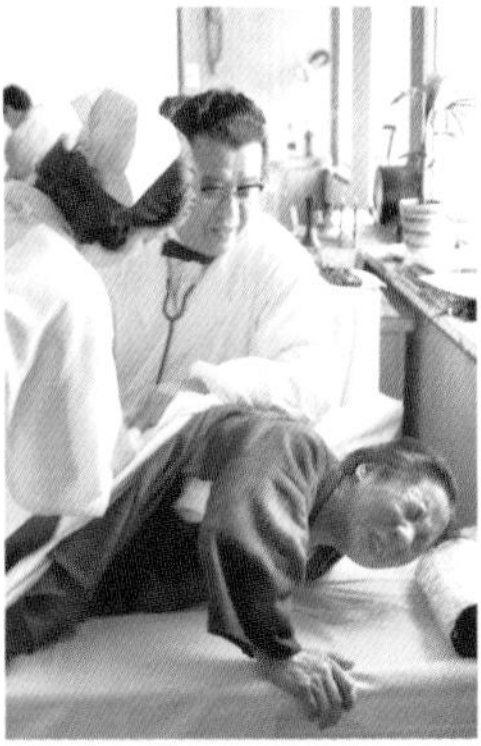

患者を診断する萩野医師

住民に語り掛けるイ対協会長の小松義久さん（写真左）

イタイイタイ病患者ら（1969年）

1964年 東京オリンピック

1966年 11月 患者救済のための住民組織として、イタイイタイ病対策協議会（イ対協）が発足

1967年 公害対策基本法制定

1967年 春夏 イ対協メンバーらが三井金属鉱業神岡鉱業所と直接交渉

12月 富山県が患者認定審査を開始、73人を初認定

1968年 3月 患者と遺族が三井金属鉱業に損害賠償を求め富山地裁に提訴

5月　国が全国初の公害病に認定

1970年　日本万国博覧会

1971年　環境庁（現・環境省）発足

1971年
6月　富山地裁で原告全面勝訴の判決、三井金属が即日控訴

1972年
8月　名古屋高裁金沢支部が控訴棄却、三井金属は上告せず判決確定

8月　原告と三井金属が患者救済と土壌汚染問題の誓約書、公害防止協定書を締結

北日本新聞

原告の全面的勝訴

イタイイタイ病裁判

三井金属の責任明記

請求額ほぼ認める

公害絶滅へさらに前進

「北日本新聞」1971年6月30日夕刊

富山地裁で原告全面勝訴の判決

名古屋高裁金沢支部が控訴棄却、三井金属は上告せず判決確定

11月　神通川流域カドミウム被害団体連絡協議会が発足

公害防止協定に基づき初の現地立ち入り調査

1973年　オイルショック

1976年　5月　イタイイタイ病患者の救済と、再発防止の運動拠点として清流会館が完成

1979年　4月　環境庁委託事業による住民健康調査スタート

1980年　2月　汚染農地の復元事業スタート

1986年　5月　三井金属が神岡鉱業を子会社化

汚染田で復元工法の研究に取り組む関係者（1977年）

住民による立ち入り調査（1982年）

平成

1993年 環境基本法制定

1995年 阪神・淡路大震災

2001年 環境省発足

2001年 6月 神岡鉱山での亜鉛、鉛鉱石の採掘休止

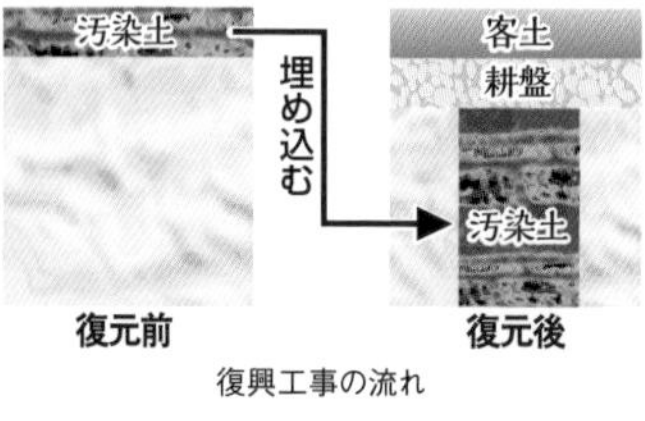

復興工事の流れ

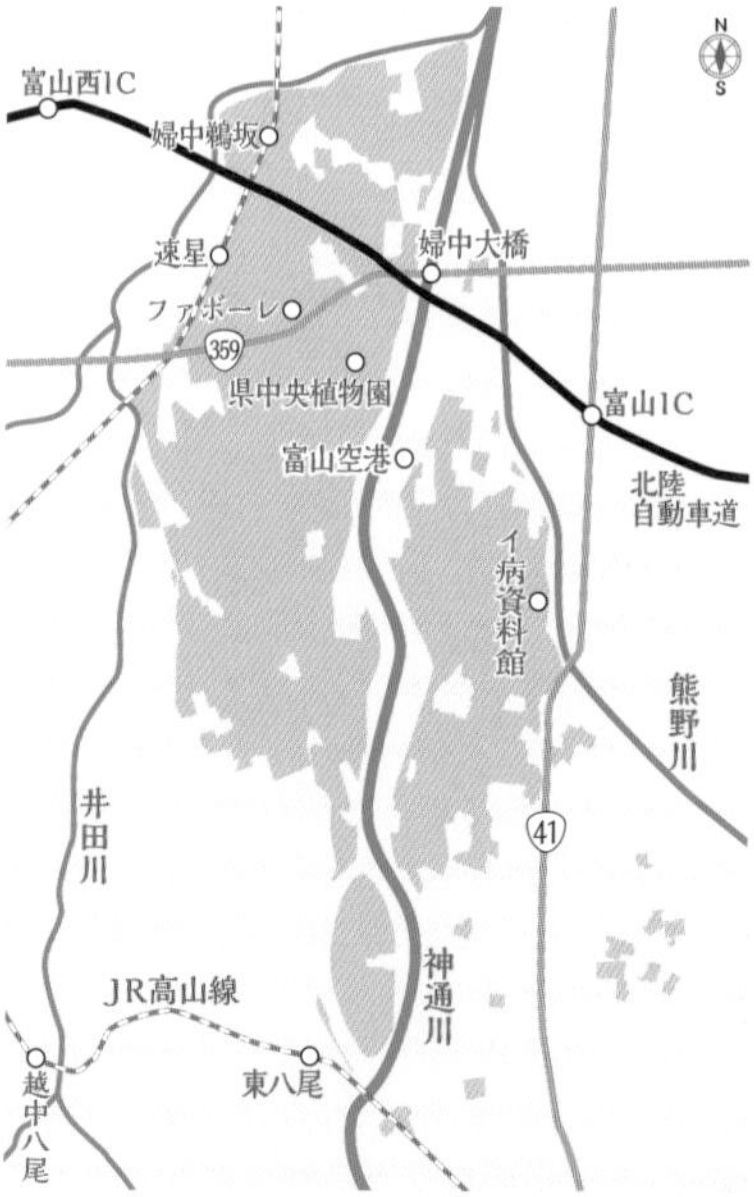

カドミ汚染田の復元対象地域

2002年　サッカーW杯、日本と韓国で開催

2002年　8月　県と富山市にイタイイタイ病資料館建設を請願

2011年　東日本大震災

2012年　3月　汚染農地の復元事業が完了

4月　富山県立イタイイタイ病資料館オープン

2013年　12月　神通川流域カドミウム被害団体連絡協議会と三井金属が全面解決の合意書に調印

北日本新聞

12月18日 水曜日

イタイイタイ病 決着

被害者団体

三井金属と合意書

腎臓障害に一時金

救済を重視 歩み寄り

「北日本新聞」2013年12月18日

令和

2015年10月 天皇、皇后両陛下（現・上皇ご夫妻）がイタイイタイ病資料館を訪問

2016年11月 イ対協結成50年で顕彰碑

2021年6月 一審の患者側勝訴から50年

7月 神岡鉱山で50回目の立ち入り調査

2022年8月 勝訴判決確定から50年

神岡鉱山50回目の立ち入り調査（2021年）

天皇・皇后両陛下が富山県立イタイイタイ病資料館をご見学（2015年）

本編

克服の歴史
現代に問うものは

神通川左岸にある富山市婦中町熊野地区。記録的な大雪から1カ月後の2021年2月中旬、一面に広がる水田の至る所に雪が残り、静かに春の訪れを待っていた。

秋には黄金色の稲穂が実るこの水田は、かつて上流の三井金属鉱業神岡鉱業所(岐阜県飛騨市)から流れ出たカドミウムで汚染されていた。患者たちが泣き叫びながら苦しむ様子から、その名が付けられたイタイイタイ病。高度経済成長期の〝負の遺産〟として刻まれる公害病の紛れもない現場だ。

21年は被害住民が賠償を求めたイ病訴訟の勝訴から50年の節目にあたる。未知の病との闘い、そして克服。その歴史を再検証することで、コロナ禍と向き合う私たちが、生きることの意義や、当たり前の日常の尊さをくみ取れないか。そんな思いで取材に入った。まずは熊野地区に暮らす住民の率直な声に耳を傾けた。

「わしを切っても、刻んでも…」

患者の痛み

「死が、楽であるなんて」

カドミウムが蓄積されたコメや水の摂取で骨がもろくなり、激しい苦痛をもたらすイタイイタイ病。神通川両岸の富山市婦中町や新保地区など南北約12キロ、東西約5キロの範囲で主に発生し、最も大きな被害に見舞われたのが婦中町熊野地区だ。

もともと農家1戸当たりの耕作面積が県内トップクラスで、収入も安定した美しい農村だった。清らかな水が育んできた、その生活がイ病によって根底から崩された。

イ病を巡る裁判の勝訴から50年。水田の復元事業や汚染防止対策が進み、周辺地域には、工業団地や大型ショッピングセンターなどが立ち並ぶ。

負の歴史を克服して取り戻した豊かな暮らし。それらを享受する今の住民は、イ病の歴史をどう受け止めているのか。

――この辺りでイタイイタイ病が発症していたことを知ってますか。

40代女性　学校で習いました。でも、身内や知り合いに患者がいないので、ピンとこないですね。

患者救済などの活動拠点・清流会館の近くに住む男子中学生にも同様に尋ねた。「患者が苦しんでいたと聞いたけど」「確か鉱山がどうとか…」

日本の四大公害病に数えられるイ病の記憶は確実に風化しているように見える。

＊

熊野地区の萩島集落に住む髙木良信《りょうしん》さん（92）は50年前、イ病で亡くなった母の代わりに訴訟の原告となった。当時の事情をよく知る〝生き証人〟だ。

自宅前には神通川から引き込まれた用水が流れる。物心ついた頃には白く濁っていた。濁りの正体が約35キロ上流の神岡鉱山から流れ出たカドミウムとは知らず、田んぼのかんがいや飲み水に使っていた。その用水を背に、髙木さんが母を巡る悲劇と苦悩を語り始めた。

「わしを切っても、刻んでもいいから、なんでこんな病気になるがか調べてくれ」

1955年秋、その年の暮れに亡くなった母、よしさん＝当時（62）＝が入院先の病院で訴えた。イ病の原因解明に役立てるため、自らの遺体を解剖することに同意する言葉だった。

よしさんに異変が現れたのは54歳のころ。股関節などに痛みを訴えて歩けなくなり、60歳

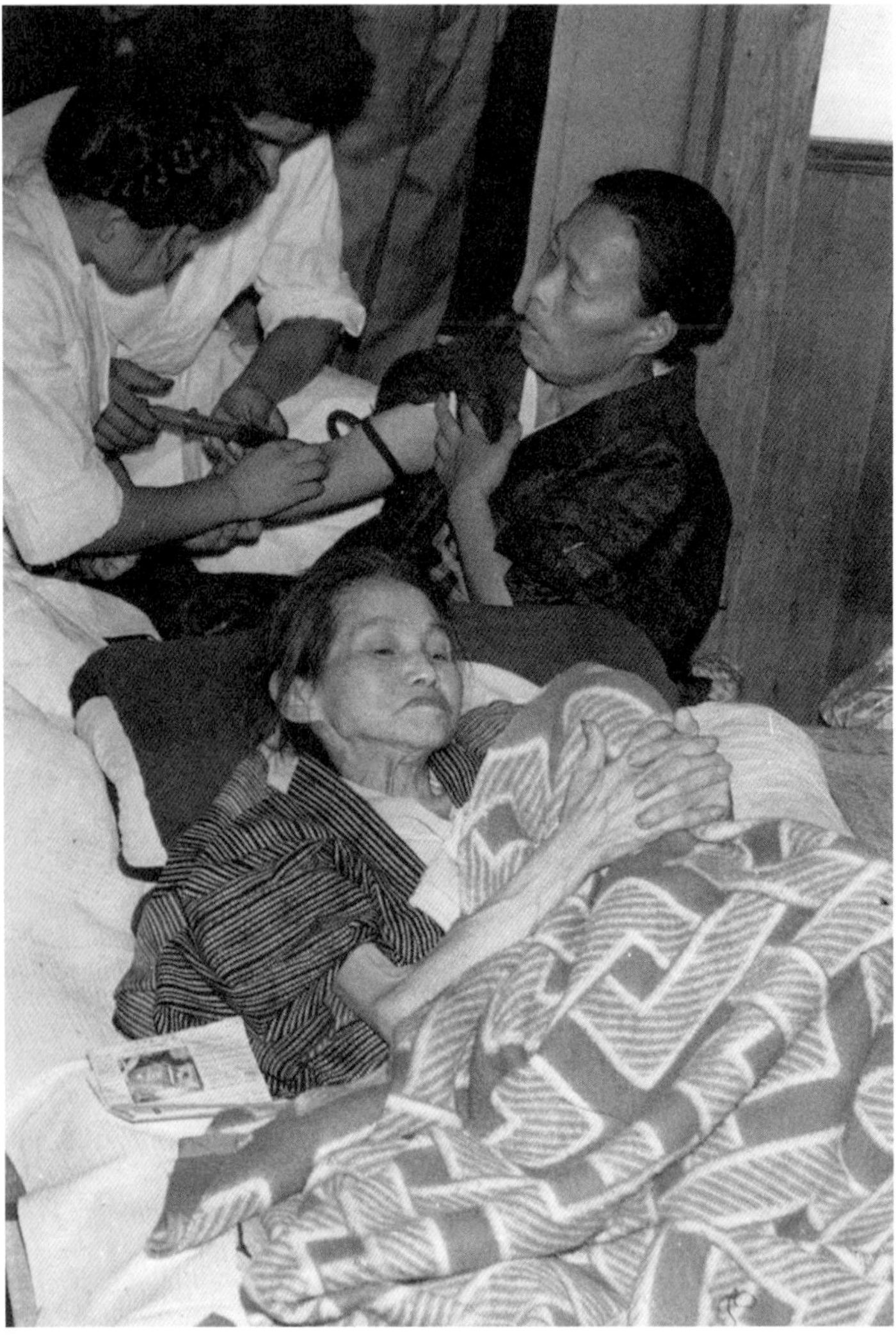

萩野病院で検診を受けるイ病患者。手前は高木よしさん＝1955年

で寝たきりとなった。

体の向きを変えようとしただけで、全身に激痛が襲う。あおむけのまま、じっとしているしかなかった。

かつて同じ病を抱えていたしゅうとめと自らの境遇を重ね、「こんなに痛いもんだということは、自分がかかって、初めて分かった」と打ち明けた。

「若いもんには、こんな苦しみを味わってほしくない」。解剖への同意には、そんな願いが込められていた。

＊

よしさんを含む多くの患者を診療し、後に「カドミ原因説」を打ち出した地元の萩野病院長、萩野昇医師の講義録にも、患者の身に起きた惨劇のすさまじさがつづられている。

登場するのは30代半ばの若さで発症した女性患者。脈を診ようと手をつかんだだけで「ポキリと折れてしまった」。「痛い、痛い」と泣き叫ぶ患者に、なすすべはなかった。

検査のため病院に連れて来られた時は、畳に載せたままだった。ちょっとした弾みで骨が折れるため、背負うことも、抱き上げることもできなかったからだ。

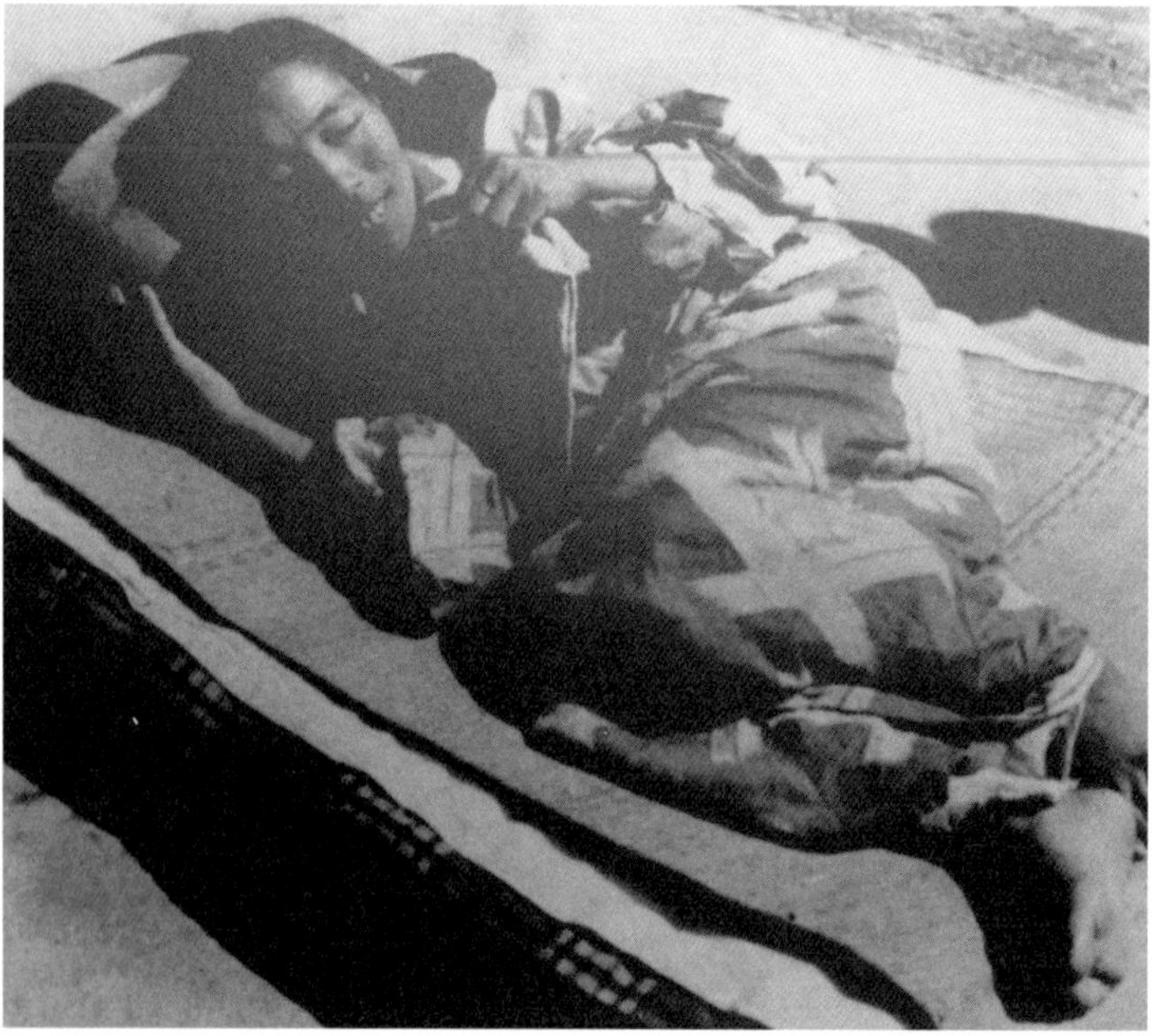

畳に載せたまま、萩野病院に運ばれた女性患者＝1955 年（清流会館提供）

女性は、家族への負担を気に病み、萩野医師に泣きすがった。「私は家庭を持って良かったがですか。死にたい。どうすれば死ねるがですか。先生、教えてください」

訴訟が始まってから、他の患者も法廷で、死の誘惑に駆られる気持ちを打ち明けた。弁護団は彼女らの思いを代弁し、訴えた。

もはや、生きていることが、苦痛なのだ。
死にまさる苦しみからのがれるために、
川に入って死のうと考えながら、それもできず…じっと泣いていた。
人間のもっともおそろしい死が、楽であるなんて――

（原告最終準備書面より）

だが、死後もその病の不条理から解放されることはなかった。茶毘《だび》に付された後の遺骨が砂利や砂のように砕け、拾い上げられるのが骨つぼの半分にも満たない。骨密度が極度に低いためだ。「骨さえも奪い去るのか」。遺族の嘆きは深かった。

髙木さんは卒寿を迎えた今も、最近の出来事のように当時の様子を語る。訴訟記録などと照らし合わせてもほぼ正確で、記憶は鮮明だ。救いの手が届かなかった患者の無念と病の罪

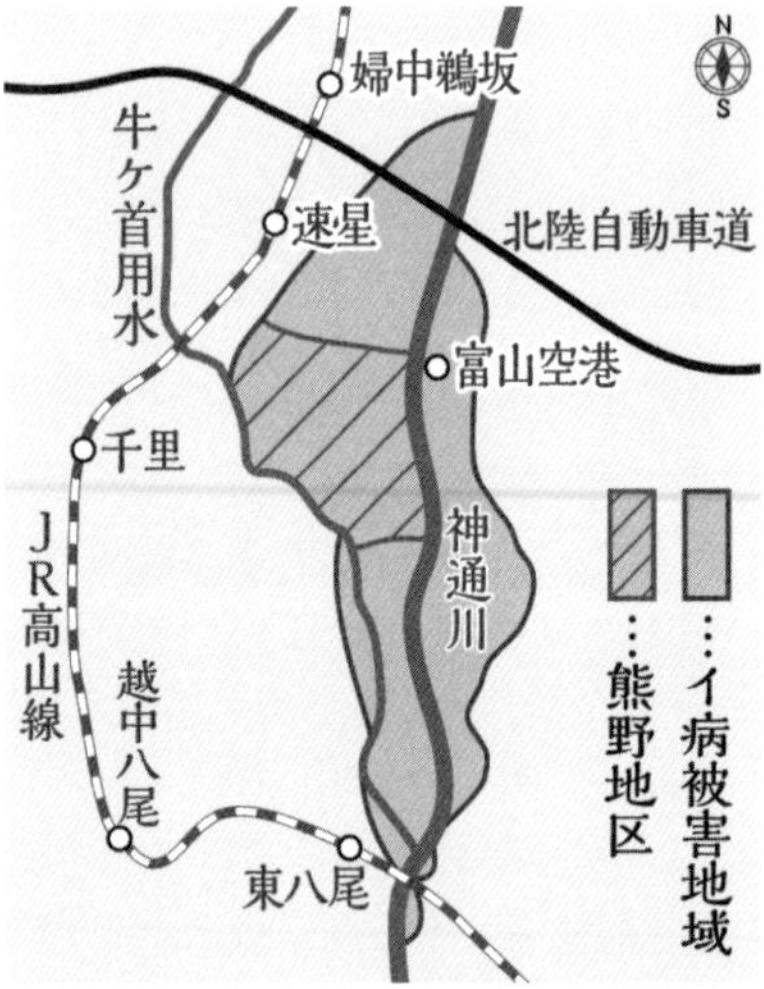

イ病被害地域と熊野地区

かつてカドミウムで白く濁っていた用水を背に、母・よしさんの悲劇を振り返る髙木良信さん
＝富山市婦中町萩島

深さ…。それらが深く心に刻まれているからに他ならない。

病の残酷さ　患者ほぼ全員女性

高木よしさんと、しゅうとめのように、イタイイタイ病は女性がかかりやすく、これまで県が認定した患者201人のうち196人と、97・5%を占める。

女性は元々、男性より骨の量が少ない。女性ホルモンに備わった、骨を形成する機能も男性ホルモンに比べ低い。女性ホルモンの働きは閉経後、さらに低下する。

これらの条件に、カドミウムによる腎臓障害が引き起こすリン、カルシウム不足が加わると、骨は急激にもろくなり、イ病を発症するとみられる。

妊娠中、栄養分と共にカドミウムを多く吸収するメカニズムが働き、腎臓障害を起こしやすいことなども要因とされる。

出産や子育て、農作業など、元々多くの苦労を背負っていた女性たちに発症者が集中したことが、この病の残酷さを一層浮き上がらせた。

祖母苦しめた〝生き地獄〟

風化させない

生と死の教訓、未来へ

イタイイタイ病に認定された患者は２０１人。さらに、病を引き起こすカドミウムで汚染された富山市の農地は１６８６ヘクタール（東京ドーム３６０個分）に達し、復元工事には32年の月日と４０７億円を費やした。

土壌復元や神通川の水質改善を機に、被害者団体と原因企業が「全面解決」で合意したのが２０１３年。最初の患者が出たとされる１９１１年から１００年後のことだ。

克服までのあまりにも長い道のり。そこに刻まれているのは、死に勝るとも言われた患者の苦しみ、寄り添う家族の葛藤、人としての尊厳を懸けた闘いの歴史である。

私たちは、そんなイ病についてどれだけ知っているだろうか。伝えること、伝え続けることの意味は何だろうか。

＊

「皆さん、こんにちは。きょうは、私のおばあちゃんの話をします」

2021年1月末、富山市友杉の富山県立イタイイタイ病資料館の研修室。集まった同市奥田小学校5年生80人に、江添良作さん（73）＝同市任海＝が語り掛けた。児童と目線を合わせ、一つ一つの言葉は丁寧で柔らかい。

江添さんはイ病患者を祖母に持つ「語り部」だ。祖母は患者らが損害賠償を求めて争った50年前の訴訟に、原告の1人として加わったチヨさん。

「死にまさる苦しみからのがれるために…死のうと考えながら、それもできず…じっと泣いていた」。原告弁護団が最終準備書面で訴えた、患者の生き地獄を体現したのがチヨさんだった。

チヨさんは43歳のころ、足に針で突くような痛みが現れ、53歳から入退院を繰り返した。治療の効き目はなく、症状は悪化。「全身、体も足もない、もう削るように痛い」ほどの苦しみにさいなまれた。

入院が長期化する中、たまに家に帰っても「一服茶屋にいるようなもの」と、居場所がない感覚に襲われる。「いっそのこと、家の前の川に入ろうか。それとも農薬を飲もうか」。自らの命を絶つことすら考えた。しかし、「そんなことをすれば、家族に大変な迷惑をかけてしまう」と思い直した。気持ちは生と死の間を揺れ動く。外を眺めながら、涙に暮れた。

陳述を終え、富山地裁を出る江添チヨさん。右は介添えをする子、久明さん
＝1970年8月

チヨさんは入院先からイ病訴訟の尋問に2回応じている。1970年8月は家族の介添えで、同年10月は担架で運ばれ、富山地裁の証言台に立った。裁判官と原告、被告両弁護団に向かって、絶望の淵に追い込まれた心中を率直に述べた。

この尋問の翌71年2月、チヨさんは67年間の生涯を閉じる。原告の一員として命を懸けて臨んだ裁判だったが、それから4カ月後に訪れる一審勝訴判決を見届けることはできなかった。

＊

江添さんは祖母の生きざまを紹介していると、声が震え、涙声になる。イ病を語り継ぐ役目を担って7年になるが、語るうちに半世紀前の光景が浮かび、思いが込み上げる。

そんな江添さんが語り部になるきっかけは父、久明さんの手記だった。久明さんは法廷闘争や患者救済に奔走し、副会長としてイ病対策協議会を支えた。久明さんの遺品の中に229枚の原稿用紙があった。歩んできた人生とイ病への思いがびっしりと書き込まれていた。チヨさんが法廷で陳述した内容を記したくだりには「胸も破れるような気持ちでした」と、現場に立ち会った時の思いも添えられていた。

江添さん自身、裁判当時は学生で、傍聴したこともなければ、その後も強い関心を持って

苦難に満ちた祖母の人生を、児童に語る江添良作さん
＝富山県立イタイイタイ病資料館

患者の家庭を再現したジオラマを眺め、
イ病の恐ろしさを学ぶ児童＝同上

こなかったという。だが、手記に目を通し、入院先へ着替えなどを届けた時のチヨさんの喜ぶ姿を思い浮かべた。さらに、その表情の裏にあった苦悩と、家族に降りかかった病の残酷さを強く意識した。

「このような過ちを二度と繰り返してはならない」。当時の思いが今も語り部としての江添さんを突き動かす。

*

「皆さんにとって一番大切なものは何ですか？」

奥田小児童への講話の最後に江添さんが質問した。単に事実を知ってもらうだけでなく、教訓をくみ取ってもらうための、いつもの〝問い掛け〟だ。

「命です」。手を挙げて答えた女子児童に、江添さんはこう答えた。「私もそう思います。その命を支えとるのが、水と空気と土なんです」

祖母、父から「伝える」ことのバトンを受け取った江添さん。その講話から児童は命の尊さを感じ取る。子どもの感性とイ病の教訓が重なり合い、美しい古里を守る願いが過去から現在、そして未来へと引き継がれる。

10半年で入館27万１４６２人

資料館、克服の歩み紹介

イ病発生から克服までの歴史を伝承する富山県立イタイイタイ病資料館は２０１２年にオープンし、11年になる。22年11月末まで27万１４６２人が入館している。

入ってまず目に入るのが、患者がいる家庭や集落を再現したジオラマだ。カドミウムに汚染されたコメや水を摂取してイ病を発症した住民と家族の苦悩を、ドラマ仕立ての映像で紹介している。

別のモニター画面には、多くの患者を診療した萩野昇医師らが映し出され、苦悩をにじませた言葉の字幕が流れる。パネルや映像で勝訴までの歩み、汚染田復元の工法やプロセスも説明している。

語り部は、患者に寄り添った体験談を通じ、その苦しみや悲しみを、生々しく浮かび上がらせる役割を担う。現在のメンバーは12人。うち患者の家族が10人で、江添さんのようにイ病訴訟原告の孫世代が中心だ。学校や企業、老人クラブなど10人以上の各種団体の申し込みを受けて、講話を語る。原因企業の三井金属鉱業社員もほぼ毎年、受講している。

「業病」の呪縛

差別と偏見

「あの家から嫁もらえん」

日本が高度経済成長に突き進む1960年代初頭のことだ。

富山市任海の江添久明さんが、自宅近くの田んぼに清めの塩をまいていた。「田を荒らして申し訳ありませんでした」。心の中で頭を下げ、手を合わせた。イタイイタイ病で苦しむ母、チヨさんの回復を念じ、わらにもすがる思いだった。

後にイ病訴訟の原告に加わるチヨさんは当時50代後半。足に針で突かれるような痛みが生じ、入退院を繰り返したが、症状は全身を削られるような激痛に変わっていった。

「このまま命を取られる」。苦しむ母親の様子を見かね、江添さんらが頼ったのは宗教者だった。相談すると、こう返ってきたという。「あなたたちの田直しが、田の神の怒りに触れた。鎮めなければなりません」

田直しとは、農家が使いやすいように、細かい田をならし、1枚に区画整理する作業。「他の農家でも普通にやっとることながに…」と思ったが、その〝お告げ〟に従った。

イ病は、耐えがたい激痛を伴って患者を襲う。だが、苦しむのは本人だけではない。不安、葛藤、経済的な困窮、そして周囲からの差別と偏見…。そのやいばは家族を巻き込み、追い込んでいった。

*

江添さんが神頼みに救いを求めていたころ、イ病の原因を神岡鉱山(岐阜県神岡町=現飛騨市)から流れ出たカドミウムとする鉱毒説は、まだ定着していない。もちろん、病のメカニズムも分からず、有効な治療法はなかった。

そんな中で、イ病は「業病《ごうびょう》」と呼ばれていた。「前世に悪い行いをした報い」という意味合いがある。

婦中町(現富山市)や、江添さんが暮らす富山市新保地区など、神通川両岸の特定エリアに患者が集中したことから、「風土病」とも言われた。

「病気がうつるかもしれんから、あの家から嫁をもらわれんし、嫁にも行かせられん」

「患者がいる家では茶も飲まれん」

そんな陰口が飛び交った。「栄養不足と過労」を原因とする説が唱えられた時には、「嫁を

イ病訴訟一審の現場検証で裁判官を迎える女性患者ら。差別や偏見に苦しめられた
＝1969年5月、婦中町萩島（林春希氏撮影）

チヨさんの遺影を手に勝訴確定の喜びをかみしめる
江添久明さん（後列右から3人目）と女性患者ら
＝1972年8月、金沢市内

こき使って満足に食事もさせん。ひどいうち（家）やちゃ」と、さげすみの目で見られる家庭もあったという。

一度、人々に焼き付いた差別と偏見は簡単に消えない。鉱毒説を真っ先に打ち出した萩野昇医師が開業していた萩野病院（富山市婦中町萩島）の現院長、青島恵子医師（72）も、そうした根深さを実感している一人だ。

２０１０年代に亡くなったある女性患者の治療に当たっていた。しかし、その患者は少なくとも20年間にわたり、自分がイ病の認定患者であることを家族に隠してきたという。患者は生前、青島医師に「（イ病と）認定された時、知人から心ない言葉を投げ掛けられ、嫌な思いをした」と話したことがあった。「家族を巻き込みたくない、という強い思いがあったのでしょう」。青島医師は患者の心情を、そう推し量った。

「業病」「風土病」と呼ばれた時代から半世紀もたった〝最近〟の話である。

＊

イ病という「未知の病」への不安、恐れが差別や偏見を生む。その構図は、「未知のウイルス」として新型コロナへの警戒感が強まっていた20、21年の日本社会のありようと重なって

神岡鉱山から流れ出たカドミウムが入り込んでいたころの水田。
その汚染がイ病の原因だと分かっていない時は神頼みにすがる人もいた
（林春希氏撮影）

見える。

根底にあるものは何か。ハンセン病などを巡る差別問題に詳しい敬和学園大学（新潟県新発田市）の藤野豊教授（70）を訪ねた。

日本近現代史の専門家である藤野教授は富山国際大准教授時代に、イ病をテーマにした研究実績もある。イ病とコロナが引き起こした差別、偏見について問うと、「排除の論理」をキーワードに挙げた。

「イ病は患者が出た地域を、コロナはクラスター（感染者集団）の発生施設を排除したいという意識が働いたんです」

さらに「その根っこにあるのが、『公共の福祉』の名目で一部の人の人権を制約しても仕方ないという考え方。それが国民意識などに残っているのです」と続けた。その延長線上に、感染対策が緩いとして嫌がらせをする「自粛警察」があるという。

未知の病やウイルスがあぶり出す差別の構造。それによって生み出される息苦しさが世間に漂う。

この社会に染み付いた病根とどう向き合うか。私たち一人一人に鋭く問われている。

現代の病理　**コロナ感染で中傷**

全国の法務局に寄せられた新型コロナ絡みの人権相談は、感染拡大初期の2020年2月～21年2月で計約2300件。PCR検査を受けただけでアルバイト先を解雇されたり、感染したことを上司に広められたりするケースがあった。

北日本新聞の取材で、富山県内の深刻な事例も判明している。20年春、大規模クラスター（感染者集団）が発生した介護施設には、「富山県から出て行け」「感染者を（他の施設へ）移すな」などの嫌がらせ電話があった。1人暮らし高齢者が治療後、近隣住民からサポートを受けられなくなる事例もあった。

重症化すると命を失ったり、後遺症が残ったりすることもあるコロナ感染症への恐怖感が背景にあったとみられる。

差別や偏見があると、感染疑いのある人が受診や検査を控えるようになり、治療機会を失うばかりか、新たな感染拡大につながるとの危惧も一時、指摘されていた。

「小松義久の娘か？」

風評被害

嫌がらせ　耐え続けた父

イタイイタイ病患者らが原因企業に賠償を求める訴訟を起こした1968年。患者団体のイタイイタイ病対策協議会（イ対協）会長、小松義久さん（婦中町青島＝現富山市）は、提訴に反対する住民からの批判の矢面に立たされていた。

「汚染が表沙汰になると、コメが売れなくなる」「責任を取って、全て買い取れ」。大勢に詰め寄られ、殴られそうになったこともあった。

自宅には昼夜を問わず、嫌がらせ電話が相次いだ。次女の雅子さん（67）は高校生になった頃、その電話を取ったことがある。「小松義久の娘か？」。命を脅かす意味合いの言葉を発する男の怒鳴り声が響き、すぐに受話器を置いた。

同じような電話があった時、小松さんは受話器を手に、何も言わずに聞いていた。長いときは1時間。電話を切った後もしばらく、うつむいたまま考え込んでいた。雅子さんは今も、その父の姿を忘れられない。

治療の手だてもなく苦しんで亡くなっていく患者に救いの手を差し伸べようと、法廷闘争を推し進めたのが小松さんらイ対協メンバーだった。財閥系の三井金属鉱業を相手に「勝ち目のない戦」と言われる中での一大決心だったが、その動きと共に歴史の歯車は回りだす。イ病の原因は神岡鉱山（岐阜県神岡町＝現飛騨市）から流れ出たカドミウム──。提訴と時を同じくして、国が原告側主張と同様の見解を示し、初の公害病に認定した。

*

これが原告への追い風となる。だが、一方で汚染米への拒否感が県外の都市部などに広がるきっかけにもなった。

「婦中産米を静岡県に出荷してから数日後に送り返されてきた」。そのころ、婦中町内に流れた「うわさ話」だ。原告弁護団が農協に確認し、事実ではないと判明したものの、うわさは消えず、「裁判のせいでコメが売れなくなった」と受け止める人が多かったという。

「裁判に負ければ、先祖代々の戸籍を持って出て行かなくてはいけない」。後に「戸籍を懸けた闘い」と呼ばれるきっかけとなった言葉を小松さんが漏らしたのは、訴訟への強い風当たりがあったからだ。

71、72年の一、二審勝訴後も、小松さんらへの反発が収まることはなかった。カドミ濃度の安全基準値を超える水田が婦中町で多く確認され、行き場のない汚染米が倉庫に山積みさ

三井金属側（手前）との交渉に臨む小松義久さん（正面最前列左から3人目）。
不当な圧力に屈せず、闘い抜いた＝1971年6月

れた時には、「裁判で騒がなければ…」と逆恨みのような声も上がったという。
小松さん宅への嫌がらせ電話は、勝訴から約20年後の90年代初頭まで続くことになる。

＊

小松さんが裁判を通じて目指したのは、カドミ汚染のない大地と清流を取り戻すことだった。それを妨害するのは、汚染の実情を放置し、根本的な解決を先送りする行為に他ならない。なぜ、そうした行為がなされたのか。

「コメを売るという地域全体の利益のためには、患者の人権を犠牲にしても、やむを得ないという差別がまかり通ったのです」。イ病に関する研究を含め、差別問題に詳しい敬和学園大学（新潟県新発田市）の藤野豊教授（70）は、そんな見方を示す。

さらに、未知の病への恐怖心から患者を排除した当初の差別との違いを指摘。「病気の原因はカドミウムで、企業側に責任があると分かった後も、被害者への攻撃が続いた。この差別の方がはるかに罪深い」と強調する。

＊

婦中町の農協倉庫に山積みされた汚染米。
イ病訴訟原告への中傷を引き起こすきっかけになったとされる＝1971年

父、義久さんの苦難に満ちた生涯を語る
小松雅子さん
＝富山県立イタイイタイ病資料館

「真実を真実として語り継いでほしい」

２０１０年に85歳で亡くなった小松さんが残した言葉である。

雅子さんは、その遺言を胸に刻み、富山県立イタイイタイ病資料館（富山市友杉）で「語り部」の活動を続ける。

「重い歴史を重ねたイタイイタイ病の社会的背景を、多くの人に知ってもらいたい」

そう願い、深い苦悩と共に歩んだ父の生涯を包み隠さず語る。

18年ごろ、講話の直後に駆け寄ってきた高齢男性がいた。それまで抱いていた小松さんの印象について、理不尽な要求を重ねた人という意味の言葉を口にした上で、「あれほど、ご苦労をされていたとは想像もしていませんでした。大変な誤解をしていました」と頭を下げた。

雅子さんは、これほど長く父への偏見が残っていたことに衝撃を受けながらも、「真実を伝えることで、正しい理解が広がる」と思いを新たにした。

語り継ぐことの地道な積み重ねが、誤った風評を打ち消し、差別・偏見のない未来を切り開く。

原発事故10年

消費者まだ不安

「神の川　永遠に」本編を北日本新聞に掲載した2021年は、東京電力福島第1原発事故から10年の節目だったが、福島県など東北産の農産物への風評被害が根強く残っていた。

農水省によると、被災地などで放射性物質濃度が基準値を超える農林水産物の比率は20年末で0・025％に減り、コメや麦、野菜、果実はゼロ。しかし、消費者庁の21年調査では、放射性物質を理由に福島県産食品の購入をためらうとした人は8・1％。被災3県の産品に対しても6・1％だった。

同県の農業産出額は事故前の約90％にとどまり、国の安全基準を満たしても消費者の信頼を十分に得られない実情がうかがえた。

漁業を巡る課題は、さらに深刻だ。政府が21年4月、福島第1原発処理水を海洋放出する方針を決めたのに対し、地元の水産関係者らが強く反発。魚の取引価格が他県産より安値に抑えられたり、取り引きを断られたりするなどの風評被害を受けてきたことが背景にある。復興庁は22年10月、有識者会議を設置し、風評被害防止に向けた情報発信の在り方について検討を始めた。

尊厳懸け　財閥と対峙《たいじ》

企業責任

「天下の三井」変えた住民

富山市中心部から神通川をさかのぼって45キロの所に、神岡鉱山（岐阜県飛騨市）はある。地下の巨大な空洞を利用したスーパーカミオカンデがノーベル物理学賞受賞で一躍脚光を浴びたが、かつてその鉱山はイタイイタイ病の発生原因であるカドミウムの排出源だった。

日本経済が「いざなぎ景気」のただ中にあった1967年夏。鉱山を運営していた三井金属鉱業神岡鉱業所に、イ病患者らでつくるイ病対策協議会の小松義久会長ら約10人の姿があった。メンバーらの地元、婦中町熊野地区（現富山市）で開業する萩野昇医師らが唱えていた「カドミ原因説」に確信を抱き、補償を求めるためだった。

その時のメンバーで唯一存命の元副会長、髙木良信《りょうしん》さん（92）＝富山市婦中町萩島＝は、応対した担当者が言い放った言葉を、今も鮮明に覚えている。

「（イ病の原因を調べている）公の機関が多少なりとも三井に責任があるとおっしゃいますれば、こんな遠い所へ、しかも暑い中をおいでにならなくても、私の方から補償に参じます。

逃げも隠れもしません。天下の三井でございます」

その担当者に手渡した陳情書は翌日、速達で小松会長宅に返されてきた。「忘れ物を送ります」という添え書きが付けられていた。

「それで、口や文書で何を言うとっても前に進まんと思い知ったのです」と髙木さん。翌68年3月、賠償を求めて提訴した。

＊

亜鉛や鉛の生産に伴って生じるカドミウムを長年にわたり神通川へ流しながら、かたくなに健康被害の責任を認めようとしなかった三井金属鉱業。その牙城は一、二審の原告側勝訴によって崩れた。72年8月の二審判決翌日、原告団は東京の本社に乗り込み、社長らと直接交渉。患者への賠償、汚染田復元の二つの誓約、公害防止協定締結という成果を勝ち取った。

公害防止協定には、住民側がいつでも鉱山に立ち入って廃水処理施設などを調査できると明記された。対策を企業に任せきりにせず、住民側のチェックを行き届かせるのが狙いだった。

住民らはその年の11月に早速、鉱山に入った。

「白く濁っていた頃の神通川と同じにおいがする」。髙木さんが抱いた第一印象だ。多くの

イ病訴訟の現場検証が行われた三井金属鉱業神岡鉱業所。
カドミ流出防止策はまだ不十分だった
＝1968年11月（清流会館提供）

立ち入り調査で、鉛精錬の廃水処理状況を確認する住民ら
＝1982年8月、神岡鉱業所

被害住民との信頼構築の歩みを語る
渋江元社長＝清流会館

住民が同様の思いを口にした。工場排水などによって神通川へ流れ出すカドミは推計で1カ月当たり約60キロに達していた。

現場で対峙《たいじ》した社員は住民の質問に、まともに答えない。髙木さんの目には「会社を守るため、余計なことは言わない」という姿勢に映った。専門知識もないまま立ち向かえる相手ではなかった。そこで後ろ盾になったのは、京都大や富山大などの学者グループだった。

学者らは78年、排水や排煙対策などについて改善策を提言。これを受け、企業側は翌79年から毎年、汚染防止策の実施状況を年次報告書として提出し、住民側のチェックを経てさらなる改善策につなげるという好循環が生まれた。

＊

それでも、90年代までは「不信の時代だった」。そう振り返るのは、三井金属鉱業の子会社となった神岡鉱業の社長などを歴任した渋江隆雄さん（71）＝千葉県＝だ。住民らの活動拠点、清流会館（富山市婦中町萩島）で取材に応じ、94年に神岡鉱業の総務課長に就く直前の出来事を語り始めた。

鉱山内の新工場建設地が高濃度のカドミで汚染されているにもかかわらず、土壌調査や、住民への説明が不十分なまま工事に踏み切った時のことだ。住民側の反発によって、工事が一時中断に追い込まれた。

「年次報告書を出して、どこ見ていただいても結構ですよと言っておきながら、（陰で）矛盾することをやっていたわけです」。不信を招いた原因が会社側にあったことを認める率直さに、かつての「天下の三井」の面影はない。

「会社として〝大反省〟しました」と言う。それが画期となった。「初めから全部オープンにした方がいいというふうに（考えが）変わったのです」

変化をもたらしたきっかけは、住民側の懐の深さにもあった。

その当時は円高不況の波が押し寄せ、鉱山は閉鎖の瀬戸際に立たされていた。窮状を感じ取っていた小松会長らから「頑張ってください」と励まされた。渋江さんは「経営を維持しながら、少しでも環境（改善）を前進させてください」との思いと受け止めたという。

＊

反目から融和へ──。紆余《うよ》曲折を経て築いた信頼関係を土台に、懸案だった工場地下水路への高濃度汚染水流出の防止などが次々と進んだ。企業による2021年までの環境対策費は計333億円に上る。

この結果、カドミ排出量は19年で月約3キロと、1972年の20分の1まで減少した。神通川水系のカドミ濃度は自然界レベルに改善され、「神様が通られる川」の名で親しまれていた清流が復活した。

50年前には、誰も予想しなかった古里の姿である。被害者の心情と向き合った上での真摯《しんし》な反省、立場を超えた相互理解によって実現した。その道程には、公害克服という人類共通の願いをかなえるための教訓が刻まれている。

神岡の経験 福島で生かせ

汚染地下水を封じ込め

神通川の水質改善に大きく貢献したのは、カドミウムに汚染された鉱山地下水の流出防止策だった。

工場からのカドミ漏れによって生じた汚染地下水は、工場地下の水路に流れ出し、神通川上流に注ぎ込んでいた。１９７７年の住民側の調査で判明し、現在は水路付近に設けた25カ所の井戸で汚染水をくみ上げるなどして、流出を防いでいる。

住民側学者グループメンバーだった元大阪市立大大学院教授、畑明郎さん（76）＝滋賀県＝は「カドミ濃度の高い地下水が水路へ流れ込む場所に井戸を集中させることで、効果を高めた」と話す。

水路へのカドミ排出量をゼロに近づけることができた。

東京電力福島第1原発事故処理でも、建屋への地下水流入の防止が課題となっている。畑さんは「神岡の経験を生かし、地下水を遮る壁や井戸などの設置を幅広く考えるべきだ」と提案する。

命育む大地　再び

汚染田復元

「負の歴史」光と影生む

富山市婦中町堀の公民館前に、高さ4・5メートルの石碑が立っている。イタイイタイ病被害が最も大きかった熊野地区の住民でつくる鉱毒対策協議会が、汚染田の復元を記念して2001年に建立した。桜御影石と黒御影石を組み合わせ、天に伸びるようなデザインは、美田が復活した地域の喜びを表している。

復元事業が行われた市内6地区に、こうした石碑がある。いずれも豊かな大地を取り戻したことの記念碑だが、同時に住民たちの長い闘いの顕彰碑でもある。

*

神岡鉱山（岐阜県飛騨市）から流れ出て、イ病の原因となったカドミウム。その流出は、兵器の材料になる亜鉛や鉛を増産していた昭和の戦時中が特に激しかったとされる。カドミは亜鉛などを製錬する過程で生じていた。

その頃、大雨になると出される命令があった。「今だ、かすを流せ」。作業員らはずぶぬれになりながらスコップを振るい、「かす」と呼んだ鉱石くずを、眼下の高原川に捨てた。

こうした光景は、イ病患者団体のイ病対策協議会（イ対協）が1974年に製作した記録映画の中で、戦時中の従業員の述懐として描かれている。映画には「川はたちまち白く濁って流れていきました」との証言もある。

その白い濁りの正体がカドミウムだった。高原川から下流の神通川へ。そして農業用水を通じ、水田に入り込んだ。戦後も工場排水などからカドミ流出は続いた。

＊

長年にわたってカドミが蓄積した水田。その実態が初めて明らかになったのは71年のことだ。富山県がこの年から汚染地域の玄米のカドミ濃度を調べ始め、その第1弾として婦中町鵜坂、速星地区などの結果を公表した。292調査地点のうち、16％で法定基準（1・0ppm）を上回り、最も高い数値を示した上轡田（鵜坂）では基準の2・3倍の濃度だった。

これらのデータが公表された、ちょうど同じ日、一人の女性患者が、長引く法廷闘争や病

カドミ汚染田で行われた復元工法研究の取り組み。
復元事業終了まで長い月日がかかり、被害住民の心は揺れた
＝1977年、富山市内

を苦に自らの命を絶った。

「イ病患者、死の抗議」「カドミウム汚染やっぱり」。翌日の北日本新聞はこんな見出しで、カドミ汚染の深刻さと、その悲劇を伝えている。

その後の県の調査で汚染エリアは1686ヘクタールと確定する。東京ドーム360個分に相当し、一つの地域での土壌汚染対策としては国内最大。復元には多額の費用が見込まれた。

鉱山を運営する原因企業の三井金属鉱業や国、県・市町の負担割合を巡る協議は難航した。汚染土の処理工法の決定などにも時間がかかり、復元工事は80年にようやく始まった。

長い年月をかけた汚染田対策を地域住民はどう受け止めたのか。

「もう、田んぼはできんようになるがかと、そりゃショックやったよ。田んぼは生活の全てやったから」。イ対協副会長を務めていた高木良信《りょうしん》さん（92）は、所有する水田のカドミ濃度が基準値を上回り、作付けを禁じられた時のことを振り返る。

高木さんの水田の復元が終わったのは93年。当時63歳で、農業を継ぐ家族はいなかった。「高価な機械を買ってまで農業を再開する気持ちにはならんかった」と言う。結局、大規模農家に耕作を任せ、今に至る。「もう、他人の田んぼみたいなもんやな」

＊

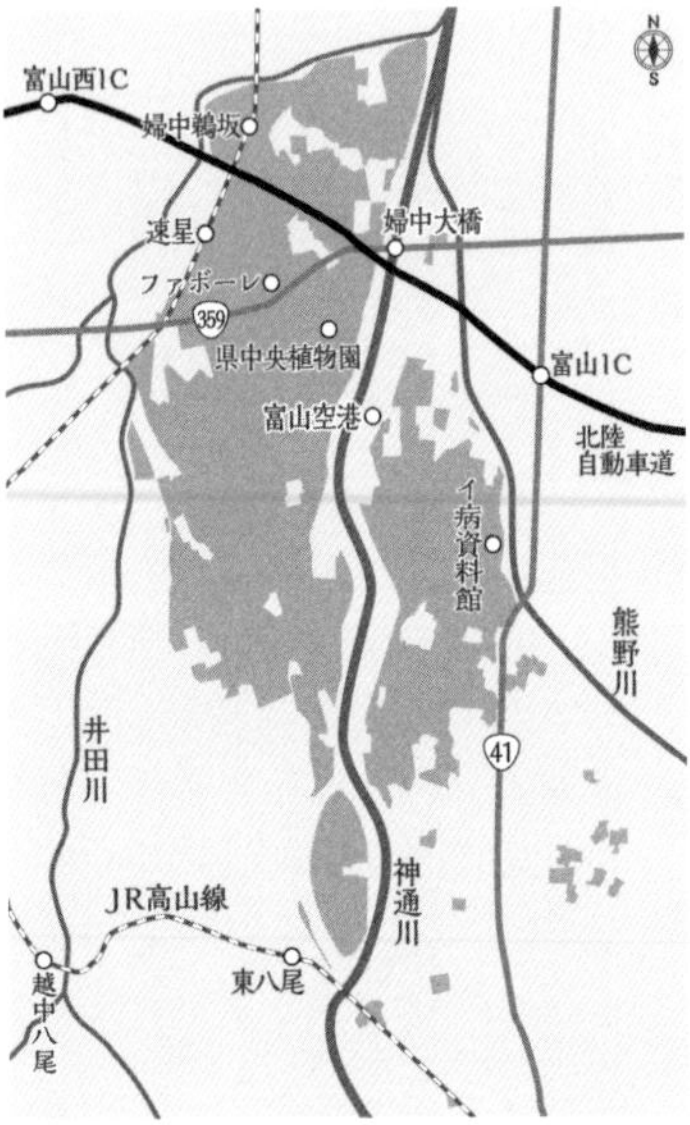

カドミ汚染田の復元対象地域

かつての汚染田に立ち並ぶショッピングセンターや企業。奥に神通川が流れる
＝富山市婦中町鵜坂地区周辺

汚染田の復元事業が進む中で浮上した課題がある。

農地として復元するか、復元せずに商業地などに転用するか――。婦中町で企業進出が活発になっていた80年代末から90年代、住民はそんな選択を迫られた。

汚染田を持つ多くの農家はもともと復元を希望していたが、いったん税金を投入し農地に復元すると、転用が難しく、決断に迷う住民は少なくなかった。

「田んぼを売ろうか」。亡くなるまで、同町速星地区公害対策協議会長として、復元推進の先頭に立っていた見波重春さんですら、一時はそんなことを口にしたと、長男の重尋《しげひろ》さん（73）が打ち明ける。

コメ余りによる米価下落、減反という農家への逆風もあって、売却の動きは加速した。一方で、こうした動きが企業や商業施設の立地を呼び込んだ。かつての汚染田に大型ショッピングセンター・ファボーレができ、企業や住宅団地が次々と整備された。

その結果、全事業が完了した２０１２年までの32年で、実際に復元されたのは汚染地全体の半分強の８６３ヘクタールだった。

命を育む大地は、神通川の清流と共によみがえった。一方、公害克服までの時間経過の中で、人々の意識は変わり、地域の姿も様変わりした。イ病やカドミ汚染という「負の歴史」を背負いながらの地域振興。光と影が交錯する。

復元工法　「耕盤」で汚染土遮断

県が復元事業を進めるに当たり導入したのは、剥ぎ取った汚染土を、その場に埋め込んで処理する手法だった。

埋めた汚染土の上に、地中から掘り出したれき（石ころ）や砂で「耕盤」と呼ばれる層を作り、最後によそから持ち込んだ土壌をかぶせる。これにより、表土と汚染土が交じったり、稲が汚染土のカドミを吸い上げたりするのを防ぐことができる。1973～78年の6カ年、実験田で試行錯誤を重ねた末に導き出した。

表土と汚染土を完全に遮断できる一方で、お金と手間が掛かる。実際に復元したのは汚染エリアの半分強にとどまったとはいえ、32年の歳月と407億円を費やした。

東京電力福島第1原発事故で拡散した放射性物質による汚染を巡っては、表土を剥ぎ取って中間貯蔵施設で保管するやり方が主流。国によると、汚染範囲が広大な上、早期の完了が求められるため、カドミ汚染田復元の手法を取り入れるのは困難だという。

復元工事の流れ

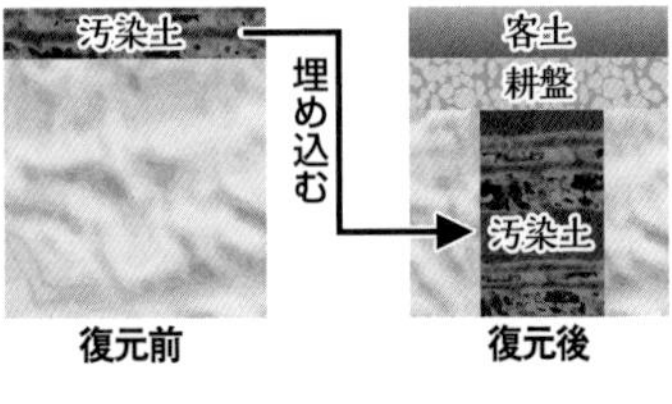

「山の向こうに、また山が…」

審査の壁

死後認定　無念消えず

「目の前の山をよじ登り、これでいいと思うと、また向こうに山が見える」

イタイイタイ病患者団体、イ病対策協議会（イ対協）の初代会長、小松義久さんが生前、イ病を取り巻く課題が多岐にわたり、その解決がいかに難しいかを言い表した言葉である。

立ちはだかる「山」の一つが、患者救済を巡る問題だった。１９７２年、イ病訴訟の原告勝訴確定により、その道は大きく開かれた。だが、原因企業の三井金属鉱業から医療費などを受けるには富山県の公害健康被害認定審査会で患者と認められることが必要で、これが高いハードルとなってきた。

＊

県による認定は訴訟に先立つ67年に導入され、同年に73人、翌68年に44人を患者と認めた。だが、その後は現在に至るまで、ほぼ1桁台で推移し、ゼロの年も少なくない。

病の苦しみを抱えながら、なかなか認定されないことのやるせなさ。それを患者や家族はどう受け止めてきたのか。

「もう、だいぶ前のことですから、あまり覚えてませんよ」。約30年前に亡くなった患者を義母に持つ富山市内の70代女性が取材に応じた。

義母は、同市内の神通川流域で生まれ育った。神岡鉱山（岐阜県飛騨市）から流れ出たカドミウムで、川が白く濁っていた時代だ。

40代のころ、腰や膝に痛みが現れた。病状は次第に悪化し、つまずいて骨を折ることもしばしば。背を圧迫骨折し身長が縮むイ病特有の症状もあった。しかし、複数回にわたる認定申請は全て却下された。

その時の主治医は、「イ病の原因は鉱毒」との説を真っ先に打ち出した故萩野昇医師。一時、県の認定審査会委員に任じられたが、当時は外れていた。「今（の委員）は偏屈もんばかり」と嘆いていたという。

義母は90年、願いがかなわぬまま70代で亡くなった。県から1通の封書が届いたのは、それから2年後。患者に認定したという通知だった。

その通知を受けた時の思いを尋ねると、女性は数十秒間沈黙し、取材の場を中座した。戻って来た時、唇はかすかに震え、瞳は潤んでいた。

イ病不認定の取り消しを求め、審査請求書を提出する小松さん（左）
＝1988年5月、県庁

「昔のことながに…。ずっと忘れとったけど、思い出したら胸が詰まるもんやね」。それ以上、言葉が続かなかった。

*

「認定患者を増やしたくないという思惑が、科学の視点とは関係なく働いていた」。79年から2004年に委員を務めた元富山医薬大（現富山大）教授、北川正信さん（89）＝金沢市＝が感じていた、当時の審査会の雰囲気である。

審査会は十数人の委員で構成し、申請者の検査データを基に、環境庁（現環境省）が示す患者認定の4条件に当てはまるかを審査する。外部には非公開で、前もって委員に配布された資料は審議会終了後に回収された。4条件の中で、認定の鍵を握るのが「骨粗しょう症を伴う骨軟化症」の有無。カドミ摂取による腎臓障害のため骨がもろくなる症状だ。

本来は科学的な知見に沿って、粛々と進められるべき認定作業だが、北川さんの目には必ずしもそう映らなかった。

北川さんによると、申請者のエックス線写真に骨軟化症の特徴を認めていた委員が、審査会の討議の場で態度を一変させるケースがあった。北川さんが、より正確に骨軟化症を診断で

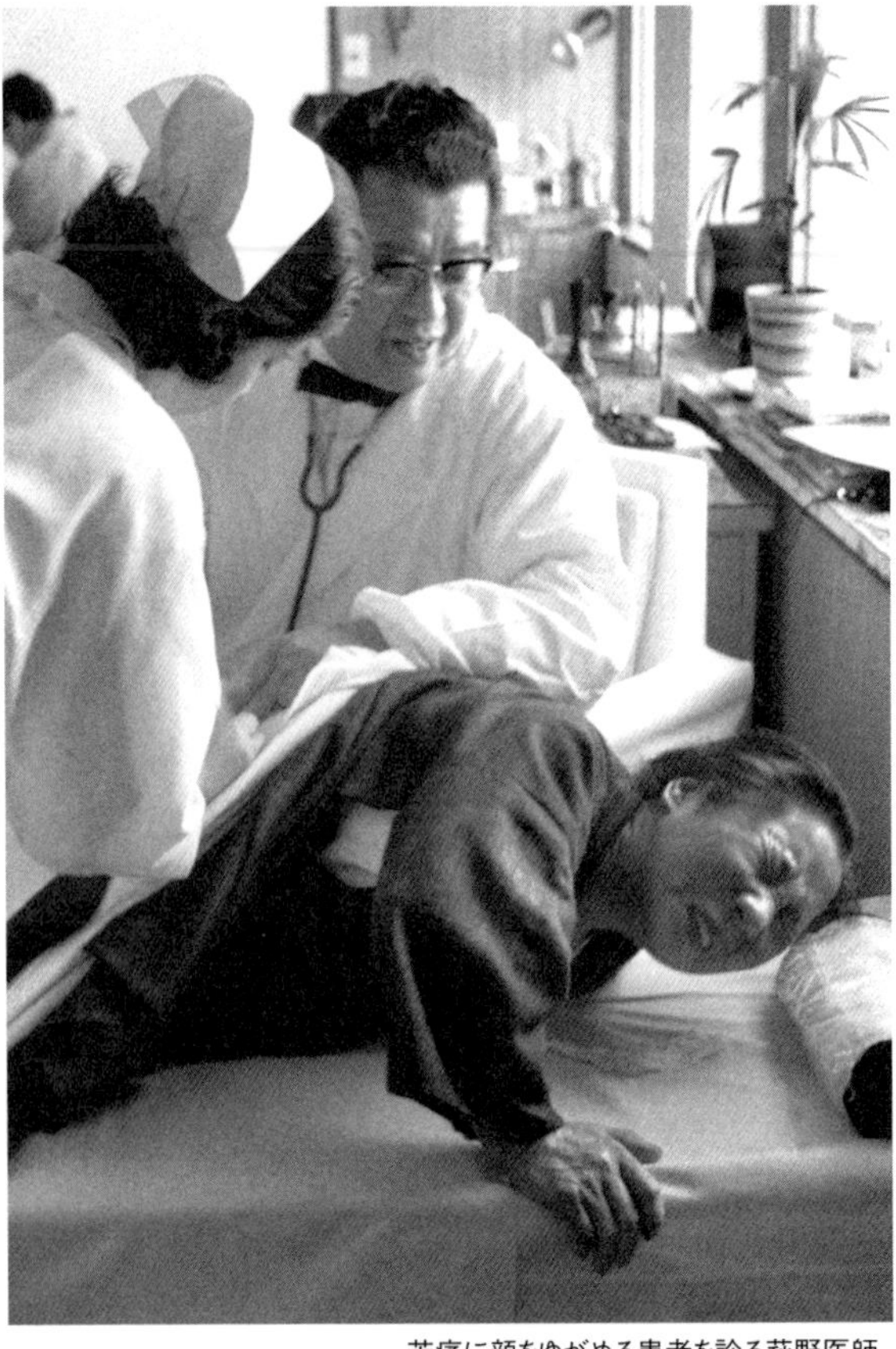

苦痛に顔をゆがめる患者を診る萩野医師。
県認定審査会委員を務めた時期もあった
＝1970年5月

きる手法として「吉木法」の導入を提案した際は、審査会でいったん了承されたものの、最終的に、他の検査結果も参考にするとの曖昧な基準に変更されたという。

数多くのイ病解剖経験を持ち、25年間委員を務めた北川さんは04年に退任する。イ対協など、患者救済に尽くした元県議会議長、故竹内弘則氏と共に「北川氏を外すのは不当」と県に委員再任を求めたものの、聞き入れられなかった。

*

認定審査の壁に風穴を開けたのは、被害住民の行動だった。

87年に申請者7人全てが認定を却下されたことを受け、翌88年、国の不服審査会での審査を請求した。

90年の第1回公開口頭審理。患者側代理人の小松イ対協会長の発言に衝撃が走る。「県厚生部長から『不服審査請求している7人のうち2人を患者認定するから、請求そのものを取り下げてほしい』と持ち掛けられたことがある」。県は否定したものの、行政への信頼が揺らぐ事態となった。

不服審査会は92年、吉木法の有効性を認め、7人のうち4人の不認定を取り消した。取材に応じた女性の義母もその中に含まれていた。

　県は翌93年には、18人を認定した。しかし、その後の認定者は再び1桁台で推移する。「治療技術が向上し、骨軟化症の進行を防げるようになったため、認定されにくくなった」。医療現場に、そんな見方もある。

　萩野医師が運営していた萩野病院（富山市婦中町萩島）の現院長、青島恵子医師（72）は「元々の症状や治療後の経過を幅広く考慮してほしい」と訴える。

　一方、県厚生部は「審査時点だけでなく、過去の所見や治療経過を踏まえて判断している」と主張。医療現場と行政の考えは擦れ違ったままだ。

　イ病の認定審査会は今も年1回開かれる。近年は、早期の治療によって、かつてのような激痛に苦しむ患者がいなくなり、申請者は減っている。だが、患者に寄り添うべき認定行政が十分に機能しているかは現在も積み残された課題だ。

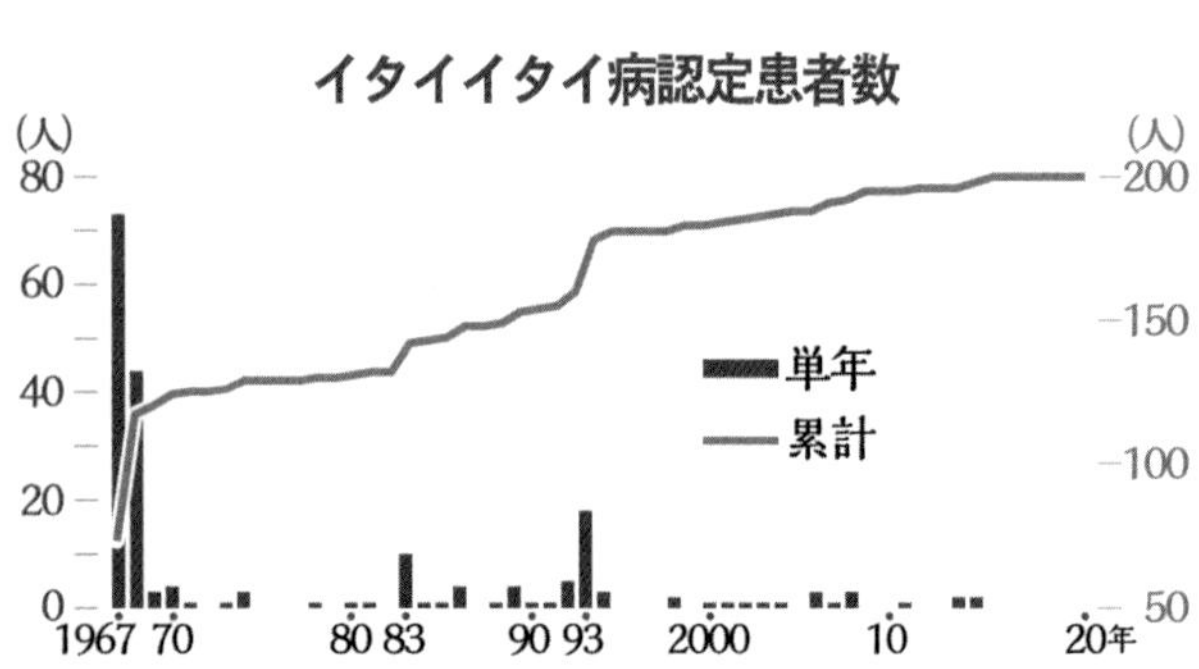

生存する患者2人

申請減り年0～4件

イタイイタイ病と認められるには四つの条件を満たさなければならない。その条件は①カドミウム汚染地域に居住し、カドミを含む食物や水を摂取②腎臓の一部の尿細管に障害がある③骨粗しょう症を伴う骨軟化症がある④尿細管障害、骨軟化症がいずれも成年期以後に発症―である。

吉木法は、このうち骨軟化症の有無を診断する手法。薄く切り取った骨を染色することで、骨の未熟な部分が鮮明に浮かび上がり、判定が容易になる。

現在の認定審査会は腎臓内科や整形外科などの専門医ら15人で構成。今も非公開だが、県厚生部は申請者や家族に判定結果などを直接説明し、疑問点にも答えているとしている。

これまで認定した患者は201人、発症の可能性

イ病患者認定の流れ

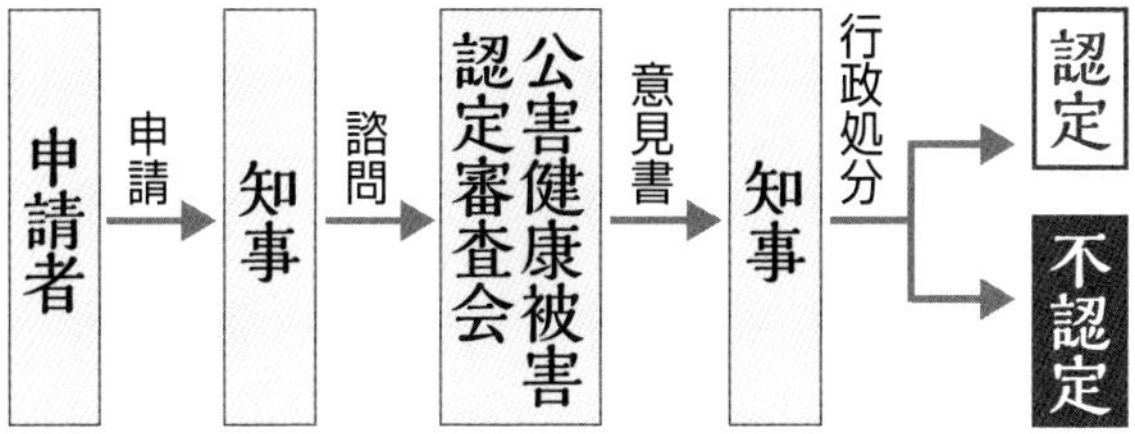

が否定できないとされる要観察者は３４４人。生存しているのは２０２２年12月１日時点で、患者２人、要観察者１人だ。申請は減り、年間件数はここ10年、０～４件にとどまる。

「名より実」の苦渋

全面解決

長期交渉 潜む政治の影

イタイイタイ病対策協議会（イ対協）などでつくる神通川流域カドミウム被害団体連絡協議会（被団協）の髙木勲寛《くにひろ》代表（81）は、緊張していた。

2013年12月17日、富山市内のホテルで行われたイ病全面解決の合意書調印式。ひな壇には演台を挟んで髙木代表と、原因企業の三井金属鉱業、仙田貞雄社長が座る。立会人の石井隆一知事も出席し、会場では被害住民約70人が固唾《かたず》をのんで式の行方を見守った。

「衷心より謝罪申し上げます」と3度にわたって頭を下げた仙田社長のあいさつ、サインした合意書の調印、そして両者の握手…。

式の間、髙木代表の表情が緩むことはなかった。「これで良かったですか」。初代イ対協会長として法廷闘争をリードし、3年10カ月前に亡くなっていた小松義久さんに心中で問い掛けた。イ病訴訟の提訴から45年の節目に、団体トップとして長い闘いの歴史に区切りをつけた自らの決断。その責任の重さに打ち震える思いだった。

日本の公害史に刻まれる被害者と原因企業の「全面解決」は、どのような経緯で実現したのか。

＊

調印式からさかのぼること4年半前の09年6月。東京・品川のビル19階にある三井金属本社で、髙木代表はイ病弁護団と共に、同社幹部と向き合っていた。

「全面解決に向けた話し合いをしたい」。髙木代表が切り出す。双方の手元には、被団協が議論のたたき台として作成した文書があった。全面解決の条件として示したのは4項目。うち一つに「カドミウム腎症被害に対する救済」を盛り込んでいた。この日の〝初顔合わせ〟は継続協議で終わったが、この「カドミ腎症」を巡る攻防が、後の歴史的合意の鍵を握ることになる。

カドミ腎症は、イ病の初期に発症する腎臓障害だ。自覚症状がないまま進行し、ある程度悪化すると治療が困難になる。神通川流域には、骨がもろくなるイ病特有の症状に至らないものの、腎症が疑われる住民が多くいた。

何とかカドミ腎症の患者を救えないか。神通川の水質改善、汚染田の復元が進む中で、被団協や弁護団の大きな課題だった。イ病と同じく治療費の支給を受けられるよう公害病への

面解決の合意書に調印し、握手する髙木被団協代表（中央）と仙田三井金属社長（左から2人目）。
右は立会人の石井知事（肩書きはいずれも当時）
＝2013年12月、富山市内のホテル

認定を環境省に求めてもきた。だが、「腎症の原因がカドミとは言い切れない」などの理由で認定を拒む同省の姿勢はかたくなだった。

実は、住民側が損害賠償を求めて再び提訴するという強行策が検討された時期もあった。1990年代末のことだ。自ら重い腎臓障害を抱えていた小松さんは、悩みつつも首を縦に振らなかったという。弁護団の一人、水谷敏彦弁護士（66）は「世論の支援を得て闘える確信が持てなかったのではないか」と語る。

公害病として認められず、裁判にも踏み切れない。一方で高齢化は進む。カドミ腎症を巡る八方ふさがりの状況を打開するためにも、三井金属との合意内容に何らかの形で救済策を盛り込むことが、被団協側の譲れない一線となった。

＊

「国も認めていないのに、企業が手を差し伸べるだろうか」。被団協にはそんな不安が当初からあった。案の定、三井金属はカドミ腎症を病気と認めた上での賠償に強い難色を示した。三井金属は、企業によるカドミ汚染被害が全国各地にあることを念頭に、「他への波及が大きすぎる。これは、わが社だけの問題ではない」と述べていたという。弁護団で交渉の中心

三井金属が入居するビル。
全面解決に向けた協議はここから始まった＝東京・品川

を担った山田博弁護士（68）は「同業他社の賠償問題に発展させたくないという配慮があったのでは」と指摘する。

国が公害病認定を拒んできた真の理由も同様に見える。

合意への呼び水となったのは、被団協側からの提案だった。補償や治療費の請求といった表現を避け、「救済策のルールをつくりましょう」と持ち掛けたのだ。ボールを投げられた三井金属側は「健康管理への支援」という名目で一時金を支払うことを提案。同社から実質的なカドミ腎症患者に60万円を支給することで決着した。

ただし、合意書は支給対象者をこう記す。「カドミウムの慢性暴露により腎機能への影響が確認された者」。「カドミ腎症」の文言はない。

＊

被団協と三井金属が50～60回に上る激しい折衝の末にたどり着いた合意書だが、そこには明記されていない、もう一つの事実がある。カドミ腎症への救済を勝ち取ったことの引き換えに、被団協が国への公害病認定の要望を取り下げたことだ。三井金属側からの求めに応じたのだという。

一連の交渉に国の関与はあったのか。三井金属は北日本新聞の取材に、国の意向を確認することはなかったと答えた。

一方で、高木代表は国が関わった可能性を否定しない。そして、「名より実を取った」と述べ、苦渋の決断だったことをにじませる。別の関係者は、三井金属関係者から「(合意)文書を、国の方で一字一句チェックされたので、時間がかかりました」と明かされたという。

「当事者の長年の努力に対し敬意を表したい」。合意書調印式の当日、石原伸晃環境相が記者団に述べた。簡潔な言い回しは、当事者間の問題解決だと殊更に強調しているようにも受け取れる。

カドミ腎症の公害病認定を回避してきた国は、被害者団体と原因企業との全面解決にどこまで介入したのか。四大公害病の中で「模範事例」とされる決着の背後に、したたかな政治の影が浮かぶ。

全面解決合意書の骨子

○三井金属など原因企業は、神通川流域カドミウム被害団体連絡協議会（被団協）など被害者側に謝罪、被害者は受け入れる

○原因企業はイ病患者らへの補償について引き続き誠意を持って対応し、公害防止に努める。双方は汚染農地の復元完了により土壌汚染と農業被害の問題が全て解決されたことを確認

○原因企業が健康管理支援制度を創設し、カドミによる腎機能への影響が確認された人に一時金。被害者側は健康被害や健康影響に関する未解決の問題が一切解決したことを認める

○原因企業が今回の合意に定める義務を果たす限り、被害者側は今後何らの請求も行わない。原因企業は全面解決に伴い解決金を支払い、問題が全面的に解決したことを双方が確認

新たな救済　腎症270人に一時金

全面解決合意に基づいて、実質的な「カドミウム腎症患者」を救済するために設けられた健康管理支援制度。公害病に認定されているイ病と異なり、医療費への補助はなく、一時金60万円の支給のみとなる。

支給対象は、1975年以前に20年以上カドミ汚染地域に住み、腎機能悪化の指標となる尿中タンパク質濃度が一定以上の人。

制度を運用する三井金属鉱業は一時金の性格について、対象者に「健康管理をしていただくための支援金」と説明。通院の際の交通費などが当てはまるとしている。

2022年11月までに約270人が受け取った。神通川流域カドミウム被害団体連絡協議会（被団協）は、さらに約80人の該当者がいるとみて、申請を呼び掛けている。

他の合意事項は、被団協への解決金支払いや、県イ病資料館建設への5億円寄付など。被害住民の悲願だった資料館整備を後押しした。

Itai《イタイ》 Itai《イタイ》 Disease《ディジーズ》

尊き資産

命の代償　救え世界を

富山市中心部の街頭の至る所に警察官の姿があり、前日からの物々しい雰囲気が続いていた。2016年5月16日。同市内で開かれていた先進7カ国（G7）環境相会合が2日間の討議を終え、無事閉幕した。

会合では、地球温暖化対策の国際ルール「パリ協定」の実効性を高める共同声明を採択。資源の効率的な利用を促す「富山」の名を冠した枠組みづくりでも合意した。環境先進地を目指す富山県にとって大きな舞台となったが、もう一つ、意義深い場面があった。

丸川珠代環境相や米国、欧州各国の代表が打ち解けた様子で記念撮影し、会場を後にする。いくつかの視察を終えて、閣僚らを乗せた専用車の車列が最後に向かったのが、県立イタイイタイ病資料館（富山市友杉）だった。

骨がもろくなって72カ所の骨折に苦しむ患者の写真、ぼろぼろになってしまった患者の骨の模型…。資料館でカドミウムがもたらした深刻な被害を目の当たりにした閣僚らは驚きの声を漏らした。

閣僚からは、「汚染田を復元する巨額の財源はどう確保したのか」「原因企業が自然回復に果たした役割は」などと質問も飛んだ。

案内役を務めた当時の館長で元富山大医学部長の鏡森定信さん（79）は、閣僚らの資料館訪問をこう振り返る。「イ病の歴史や教訓は、人類が共有すべき財産。その思いを強くした」

＊

「Itai《イタイ》 itai《イタイ》 disease《ディジーズ》（病）」の名で国際的にも知られるイ病。発症メカニズムや治療法、環境汚染への対処法は、神通川流域住民の命や暮らしの代償でもある。この尊い知見が世界でどのように生かされているのか――。そんな思いを持って、金沢医科大特任教授、西条旨子《にしじょうむねこ》さん（66）を訪ねた。

西条さんは05～15年、タイで発生したカドミによる健康被害の実態を調査した。富山医薬大（現富山大）医学部時代からイ病研究に取り組み、国際学会で知り合った同国の研究者からの依頼を受けてのことだった。

現地の医師や大学教員らと共に調査に入ったのはタイ北西部にある同国有数の米作地帯、

鏡森館長（左）によるイ病克服の歴史の説明に、真剣なまなざしで聞き入る各国環境相ら。
右は石井知事（肩書はいずれも当時）＝2016年5月、富山県立イタイイタイ病資料館

イ病を取り上げた「環境」の教科書を読む
インドネシア・南タンゲラン市の小学4年生＝2017年2月

メーソット郡。2000年代初頭にコメから高濃度のカドミが検出され、亜鉛鉱山の廃水が原因とされていた。

西条さんがまず手掛けたのがイ病の前段階である尿細管障害の調査だった。骨に異常が現れるほど病が進行した住民はいなかったためだ。検査には尿中の低分子タンパク質濃度を測定する手法を採用した。日本で主流だが、タイでは本格導入されておらず、現地の医療スタッフに手ほどきしながらの調査となった。

調査対象の782人のうち尿細管障害の疑いがあるのは54人と判明し、汚染されていない地域と比べると格段に多かった。

この調査などをきっかけに、現地の病院で、尿中カドミ濃度の高い人に継続検査するとともに、骨軟化症になりやすい50代以上の女性への骨密度検査も進めることになった。腎臓や骨の異常を早期に発見できるようになり、その後、イ病のような症状が現れる患者は出ていないという。

西条さんは「日本で蓄積されたイ病の研究成果が、診療・検査体制の構築に役立った」と当時を振り返り、「土壌汚染や健康被害はアジア各地で起きている。まだまだイ病の知見が求められている」と指摘した。

＊

もう一つ、海外でのイ病を巡る動きを紹介する。

インドネシアの首都ジャカルタ近郊の南タンゲラン市。人口約１８０万人を抱え、ごみの投げ捨てや放置による土壌、河川の汚染が社会問題化している。上流の工場から流れ出た廃水による水質汚濁も起き、高度経済成長で公害病が表面化した１９５０～60年代の日本と重なる状況にある。

だが、住民の間で公害問題への関心は低い。危機感を抱いた同市は16年から小学4年、20年から中学1年の学校教育に「環境」という科目を導入した。教科書に3ページのイ病のコーナーを設け、患者の骨の写真で病気の特徴を紹介。汚染田復元事業も詳しく説明している。

教科書の製作をサポートしたのが、富山市中滝（大山）の一般社団法人、インドネシア教育振興会と国際協力機構（ＪＩＣＡ）。「イ病の教訓を学ぶことで、地元だけでなく、上流の汚染源にも目を向けるようになってほしい」。同振興会代表の窪木靖信さん（57）は、そんな願いを込める。

この教科書は現在10万人以上の子どもたちが使用し、他の地域でも類似の教科書を導入する動きが広がる。

実際の健康被害の解決に向けてイ病の科学的な知見を生かす活動がある一方、教育など社会的な分野でイ病に光を当てる試みが海外でも出てきた。

私たちの足元で記憶の風化が懸念される中、海外でのこうした動きは、イ病やカドミ汚染克服の歩みを〝資産〟として再評価すべきであることを示している。

＊

中国でイ病類似の被害

健康より産業優先

中国では鉱物の大量採掘と金属生産が経済発展の原動力となる一方、鉱山からの廃水に含まれるカドミウムなどによる環境汚染や、イタイイタイ病と似た健康被害が発生している。

イ病被害団体の協力学者グループの元メンバーで、神岡鉱山（岐阜県飛騨市）のカドミ流出防止策を提案してきた元大阪市立大大学院教授、畑明郎さん（76）＝滋賀県＝は2000～10年代に5回ほど、中国南部で汚染状況を調査した。

06、07年に訪れた広東省では、大規模鉱山からカドミウムや亜鉛などが交じった廃水が流れ出し、下流地域の水田や井戸水を汚染していたという。
　ある60代女性は足の痛みで歩けず、寝返りもできないなどイ病と酷似した症状だった。その地域は、がん患者も多く「がんの村」と呼ばれていた。畑さんは「カドミやヒ素などによる複合汚染で、さまざまな健康被害が起きていた」とみる。

　日本のような公害病患者認定制度など救済の仕組みはなかった。畑さんは「産業振興を優先し、被害者が切り捨てられていた」と振り返る。

鉱山から流れ出た廃水で濁る川。鉄分によって赤茶色になっているが、カドミや亜鉛なども交じっている＝2007年3月、中国広東省
（畑元教授提供）

公害と私たち

水俣の視座

惨禍 二度と繰り返さぬ

初夏の陽光に照らされた不知火海《しらぬい》（八代海）は穏やかだった。遠くには大小の島々や漁船も見える。天草諸島に囲まれた内海が織りなす豊かな光景からは、かつてメチル水銀で汚染され、「死の海」と呼ばれた面影はない。

2021年6月中旬、熊本県の南端にある水俣市を訪れた。この連載の本編を締めくくるに当たり、私たちがイタイイタイ病との向き合い方を見詰め直すには、同じ四大公害病の一つで、今なお裁判闘争が続く水俣病を知る必要があると感じたからだ。

「幼い頃から脚が変形していたので、ずっと車いすの生活。今は車いすをこぐこともできない」

「いじめを避けるため、小学校からの帰りは人通りの少ない道を歩いた」

水俣病に関するリモート授業で、生まれながらに病におかされた患者4人が、支援者と共に、画面越しの小学生に語り掛ける。50～60代の4人は母親の胎盤から水銀を取り込んで発症した「胎児性」の患者だ。脳の神経障害、手足のしびれ、狭くなった視野…。水俣病特有の症状や苦しみ、絶望感に押しつぶされそうになった人生を振り返るその声は震えていた。「過ちに気付いていたのなら、立ち止まる勇気を持ってほしかった」。命を紡ぐ母胎で水銀を吸収した4人の無念さをこう代弁したのは、松永幸一郎さん（59）。「立ち止まる勇気」という言葉を使ったのにも理由があった。

熊本大研究班が「水俣病の原因は水銀」との説を打ち出したのが1959年。実はこの時、原因企業・チッソの付属病院もネコに廃水を与える実験で、水俣病の発症を確認していた。だが、会社側はその事実を隠す。松永さんが生まれる4年前のことだ。

現在、松永さんは股関節が変形し、車いすの生活を送る。授業では、まだサイクリングを楽しめた40代半ばの写真パネルを掲げた。その思いを授業後に尋ねると、率直に語った。「今もチッソ工場の前を通り掛かると叫びたくなる。俺の脚を返せと」

*

66年まで水銀を垂れ流し、立ち止まれなかったチッソ。結果7万人近くが公的救済を受ける水俣病を企業関係者として、どう受け止めているのか。OBの山下善寛さん（82）に話を聞いた。

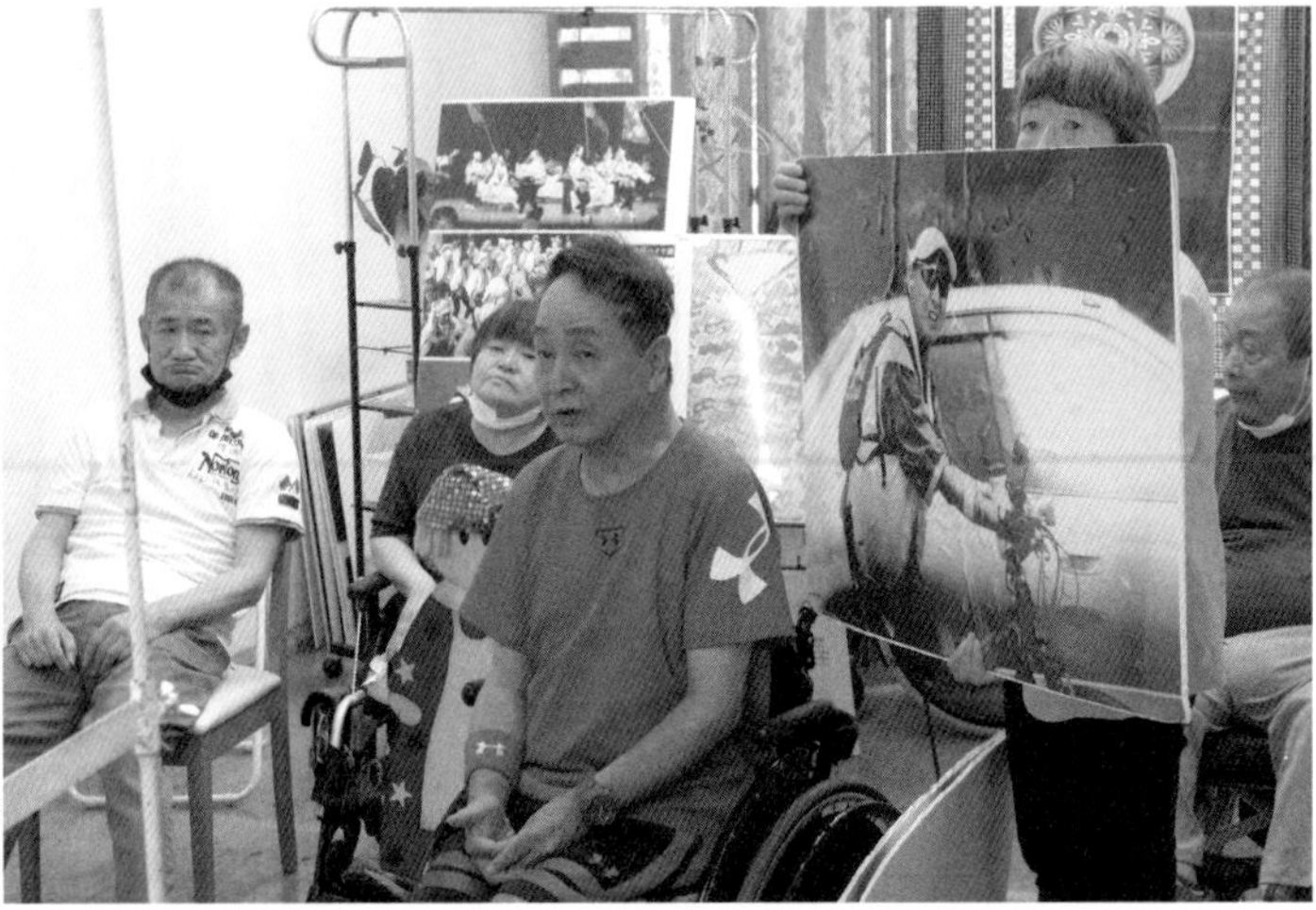

リモート授業で、患者の仲間と共に水俣病の苦しみを語る松永さん（手前）。
マウンテンバイクに乗っていた頃の写真が後ろに掲げられている＝熊本県水俣市

子を背負う石仏に手を添える山下さん
＝同上

山下さんが水俣病と深く関わるきっかけになったのは、水銀原因説を裏付ける実験結果が隠蔽《いんぺい》された3年後の出来事。工場内の研究室に勤める21歳の時だ。

「これが今問題になっている水銀だ」。先輩社員が工場廃水から取り出した結晶を見せてくれたという。それまで水銀原因説を否定する会社側の主張を信じていただけに、裏切られたような気持ちになった。しかし、外部の人には言い出せない。「機密を他に漏らした者は解雇」と定めた就業規則があったためだ。

それ以来、葛藤が消えることはなかった。いたたまれぬ思いに突き動かされ、在職中に患者支援の活動に参加した。患者を背負ってチッソの株主総会に乗り込んだこともあったが、「機密」を口にはできなかった。

山下さんには、水俣市内の公園にある石仏を見せてもらった。石仏には患者を背負う自身の姿が彫り込まれている。志を同じくする仲間と彫ったものだ。

「私にもっと勇気があったら…。保身のために口外できなかった」。山下さんは絞り出すように振り返り、こう続けた。「石仏は、そんな思いを背負い続けていかなければならない私の姿でもある」

＊

カドミウムによる健康被害や汚染が深刻だった富山市婦中町熊野地区周辺。
神通川（上方）の清流と共に豊かな大地が復活した

水銀の垂れ流しを隠したまま生産活動を続け、利益を追求したチッソ。その様子は、イ病の原因となるカドミウムを神岡鉱山（岐阜県）から流出させながら増産にまい進した、かつての三井金属鉱業と重なる。産業振興を何よりも優先した高度経済成長期の「負の側面」である。

被害者に批判のやいばが向けられた点も共通する。「市民を敵にまわしています」「日本国の発展にはならない」。チッソの「企業城下町」という土地柄で、水俣病患者への補償要求運動をリードした患者らに届いたチラシやはがきの文言だ。イ病対策協議会長、故小松義久さんも提訴に踏み切った際、「地元のコメが売れなくなる」などと激しい反発の声にさらされた。地域全体の利益を守る名目で広がった被害者への強力な圧力である。

*

水俣取材を終え、イ病被害者団体の活動拠点、清流会館（富山市婦中町萩島）へ向かった。イ対協結成50年を記念して建立された顕彰碑に、私たちがイ病と向き合う原点があったと思い至ったからだ。

幅3・6メートル、高さ1・6メートルの黒御影石に刻まれた約2千文字。長い運動の歴史や成果をつづった中にこうある。

「我が国をはじめ世界各地における公害環境対策のひとつとして歴史的な教訓と意義を持つ。二度と惨禍が繰り返されることがないよう、これら史実を後世に伝える」

《メモ》

熊本県水俣市のチッソ水俣工場が1932年から、毒性の強いメチル水銀を含む廃水を八代海に流していた。住民は、汚染された魚介類を食べたり、母親の胎盤から水銀を取り込んだりして水俣病を発症した。56年の公式確認から、70年近くになるが、根本的な治療法は見つかっていない。これまで公的救済を受けたのは熊本、鹿児島両県で約6万9770人。今も1400人余りが裁判闘争を続ける。

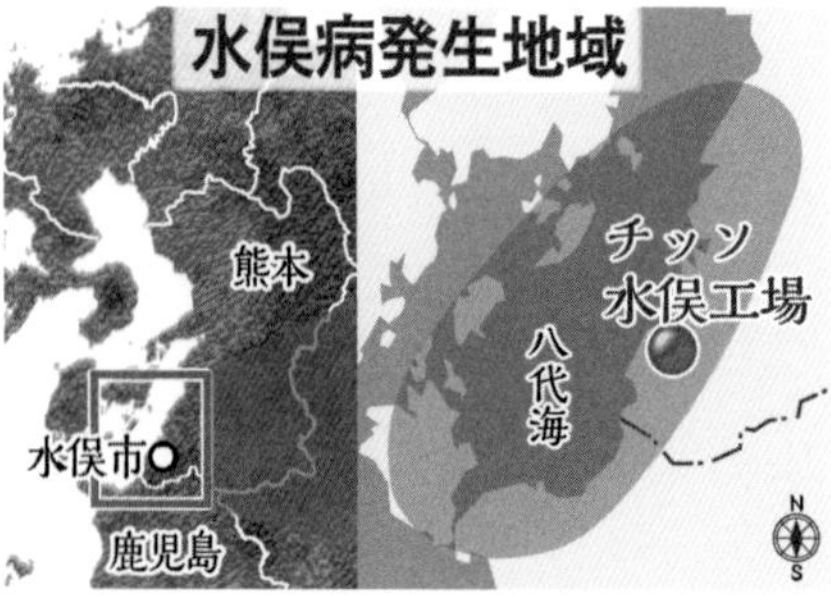

取材を終えて　イ病が問う現代日本

今回の取材に入るまで、イタイイタイ病について詳しく知らなかった。八尾婦中支局に勤務した20年前から気に掛けていたテーマだったが、イ病訴訟の原告勝訴50年の節目に、ようやく向き合うことができた。

くしゃみやせきをしただけで激痛が走り、骨が折れる。拾い上げられる遺骨は普通の人の半分にも満たない。取材で知ったイ病の惨劇は、人の尊厳を根底から破壊する残酷さを帯びていた。それを昨日のことのように語る92歳の遺族からは、今も本人の無念を脳裏に刻むさまがうかがえ、公害の罪深さが胸に迫った。

その公害をもたらしたものの一つは、廃水処理よりも利潤を優先した企業。もう一つはそれを見過ごした行政の姿勢である。両者のスクラムで戦後の高度経済成長をけん引した側面は否めない。経済成長の恩恵に浴し、豊かさや便利さに慣れきった私たちは、生き方そのものを見詰め直す必要があるのかもしれない。

命を尊重する社会―。そんな当たり前のことがコロナ禍で改めて問われた。イ病や水俣病など公害病が突き付けた課題への答えを、今こそ見いださなければならない。

続編

終わらぬイ病
どう向き合う

神通川流域で発生した四大公害病の一つ、イタイイタイ病はまだ終わっていない。2022年7月末、富山県公害健康被害認定審査会が富山市の91歳女性をイ病認定相当とした判断は、私たちにそんな現実を突き付けた。

いったん起きた公害は長きにわたり多くの人々を苦しめる。その罪深さが改めて浮かび上がる。公害からくみ取るべき最大の教訓でもある。

イ病を引き起こすカドミウム汚染の爪痕は、健康被害にとどまらない。復元工事でよみがえった美田に軟弱地盤が相次いで見つかり、農業継続に支障を来している。

患者らが原因企業に賠償を求めた訴訟の二審で勝訴が確定してから8月9日で50年。その節目を前に連載を再開し、終わらぬ公害との向き合い方を探る。

まずは認定相当とされた女性の声に耳を傾けた。症状が現れてから約50年にわたる苦しみはイ病の残酷さを物語っていた。

骨折「いつの間に？」

不条理

平穏な日常・尊厳奪う

本来なら体を動かせないほどの激痛に襲われる骨盤骨折にさえ気付かなかった。2022年7月末の富山県公害健康被害認定審査会でイタイイタイ病認定相当とされた91歳女性（富山市）の身に起きたことだ。

骨折が判明したのは21年8月。「高齢なので、ショックを与えたくない」。主治医の萩野病院（富山市婦中町萩島）院長、青島恵子医師（72）の配慮で、その事実は伏せられた。

治り始めていた11月に知らされたものの、「ぴんとこなかった」。思い当たるのは、しゃがんで立ち上がる際に転んだことだ。しかし、「そんなことは、ちょいちょいあるから、いつ折れたのか分からん」。

息子は「痛みの感覚が普通の人と違う」と思っている。10年ほど前に除雪中に転び、脚を骨折した際も、何とか歩いていたからだ。

40歳の頃から脚や膝が痛むようになり約50年。「常に痛みを感じてきたから、骨折による痛みの増強に気付かないのかもしれない」。多くのイ病患者を診てきた青島医師はそうみる。最近は寝返りをしただけで足腰に激痛が走り、夜中に目が覚める。かつてのイ病患者と同じ症状だ。

そのときどきで感じる痛みの大きな落差。人の尊厳や平穏な日常を脅かすイ病のむごさが浮かぶ。

＊

女性を苦しみに追いやったのは、神通川上流の神岡鉱山（岐阜県飛騨市）から流れ出たカドミウムだ。流域に生まれ育ち、農作業の合間に飲んだ川水などから体内に取り込まれた。そして、腎臓障害から骨がもろくなる骨軟化症に至った。

痛みを感じ始めた1970年代初頭は、患者らが原因企業に賠償を求めた訴訟で勝利した時期。しかし、当時の患者と自らを重ね合わせることはなかった。飲んでいた川水は「底の石がはっきり見えるほど、きれいやった」。先祖伝来の自然の恵みに〝毒物〟が含まれているとは思いもしなかった。

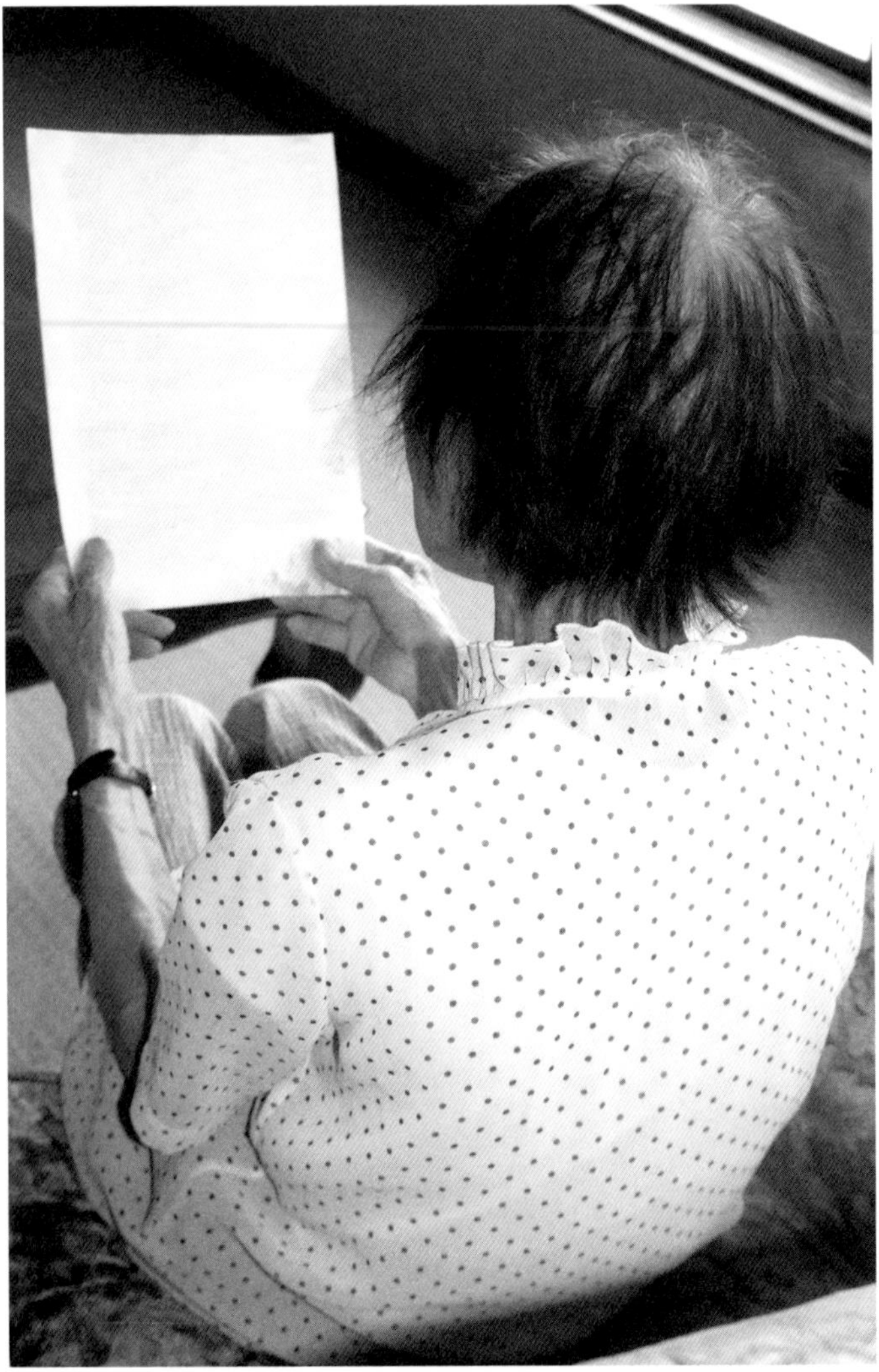

自らの患者認定相当の結果を記した県の文書を手にする女性
＝富山市内（画像の一部を加工しています）

21年10月、精密検診結果に基づきイ病発症の可能性がある「要観察」と判定されて、ようやく「自分もそうやったのか」と思い至った。翌年1月、県に患者認定を申請した。

だが、春に県内の公的病院で骨のエックス線検査を受けた際に、医師からイ病と判断できないとの見方を示され、不安に襲われた。

一方、青島医師は申請前にイ病と診断。ただ、骨を強くする薬剤の投与を始めており「症状が薄れ、認定されにくくなるのでは」との危惧が付きまとった。

実際に青島医師は10年以上前、県の担当者から認定申請中の患者について「治療をやめてください」と打診されたことがある。厳密さを重視するあまり患者への配慮が欠けていた、かつての認定審査のありようがうかがえる。

「治療前の本来の症状と治療経過を踏まえて判断してほしい」というのが、青島医師の願いだった。認定相当と結論づけられた今回、それがかなった形だ。

「治療の有無にかかわらず審査し、結果をいただいている」。非公開の審査会終了後、守田万寿夫・県健康対策室長は説明した。ただし、こう付け加えるのを忘れなかった。「過去から、そのようにしている」

＊

審査会は患者に寄り添う姿勢にどこまで近づいたのか。今後の認定審査でも問われること
になる。

「裾野の患者」置き去りに

カドミ腎症

救済に背を向ける国

「カドミウム腎症を公害病に認定してほしいという訴えは、国（環境省）に届きませんでした」。イタイイタイ病患者団体、イ病対策協議会（イ対協）会長、小松雅子さん（67）は無念をにじませつつ語った。2022年7月にイ対協の活動拠点・清流会館（富山市婦中町萩島）で行ったイ病の講話。目線の先には、視察に訪れた穂坂泰環境政務官がいた。

カドミウム腎症は、カドミ摂取量が比較的少ない人が発症し、イ病やその前段階の要観察よりも軽症との位置付けだ。しかし、自覚症状がないまま進行し、腎臓の働きが失われると回復は難しい。慢性腎不全に至れば人工透析が必要になるほど恐ろしい病だが、環境省は公害病に認めてこなかった。

「カドミによる健康被害という点で共通するイ病と同様、公害病として救済すべき」。小松さんが政務官への訴えに込めた思いだ。同省に要望を続けていたイ対協初代会長の父、故義久さんの宿願でもあった。

実は義久さん自身がこの病に苦しみ、晩年は週3回の人工透析を受けていた。義久さんの妻、和子さん（93）も今、腎臓があまり機能していないという。その影響で心臓が弱り、同年6月には救急外来を急きょ受診した。

そんな父母の闘病生活を、小松さんは政務官に率直に説明した。イ病患者の生存者が2人にとどまるのに対し、腎症患者は推定約350人と、はるかに多い。そんな実態をくみ取ってほしいという一念だった。

政務官はどう受け止めたのか。視察後の取材に「（公害病）認定は難しい」と述べるにとどめた。「原因はカドミとは言い切れず、（軽症の場合は）日常生活への支障がない」とする環境省の見解を踏襲した。

＊

国がかたくなな姿勢を崩さない中で、2013年にイ対協などで構成する神通川流域カドミ被害団体連絡協議会（被団協）と、原因企業の三井金属鉱業が結んだのが全面解決合意だ。

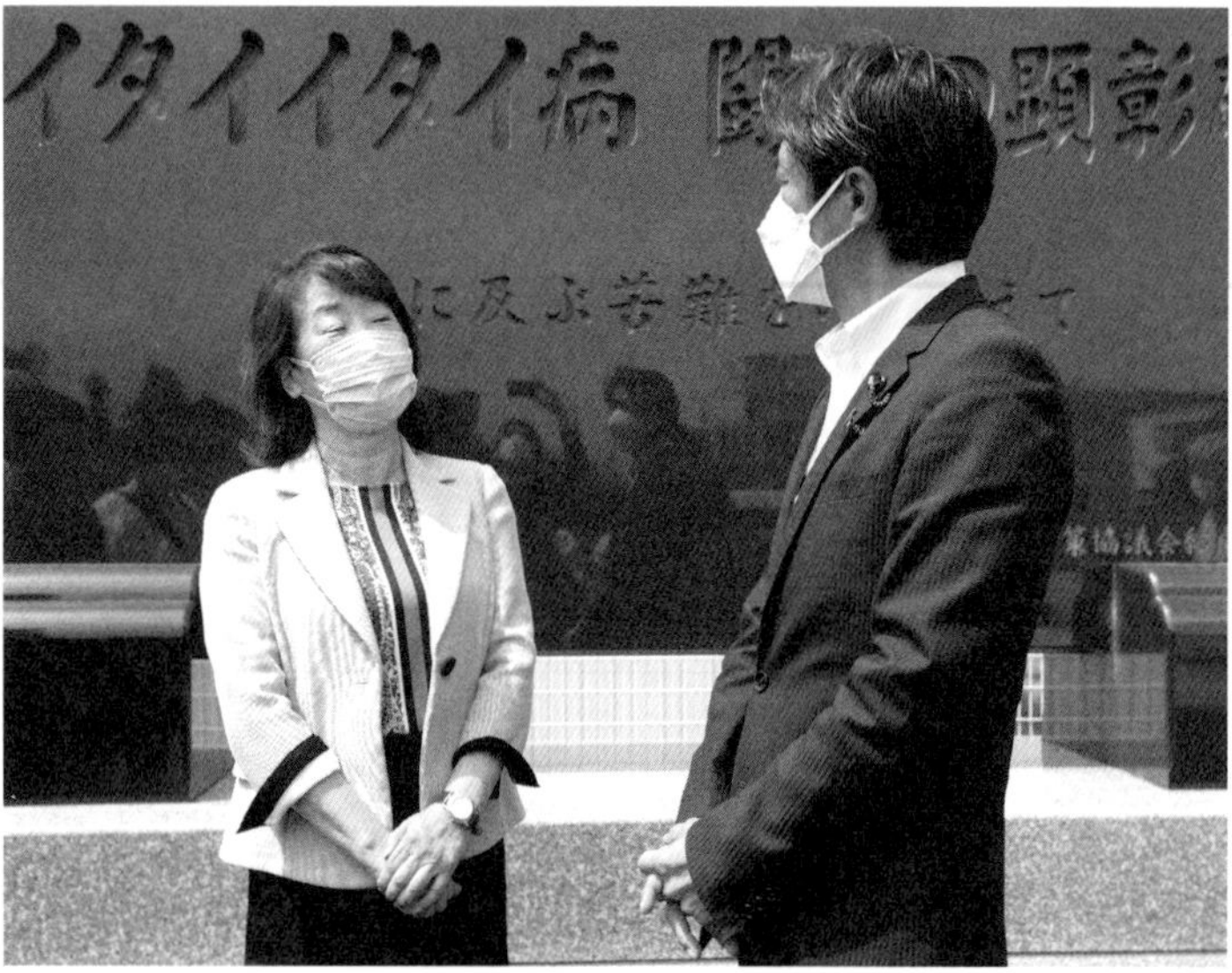

穂坂政務官（右）にカドミ腎症救済を訴えた小松さん。
後ろに見えるのは「イ病　闘いの顕彰碑」＝清流会館前

カドミ摂取量と病状

腎症への救済策として、三井金属からの一時金60万円の支給が盛り込まれた。

4年半にわたる交渉の末に勝ち取った成果だが、三井金属側からの求めに応じて国への公害病認定の要望を取り下げたこととの引き換えだった。

被害者側関係者の一人は、後に三井金属関係者から「(合意)文書を、国の方で一字一句チェックされた」と明かされ、交渉に国が関与した形跡を感じた。巨大な交渉相手を前に、被団協がぎりぎりの選択を迫られた事情が浮かぶ。

救済を企業が担う一方、国が手を差し伸べようとしない構図は今も続く。

「医療費や賠償金が支払われるイ病患者への救済策と比べ手薄だ」。小松さんは不満を抱く。一方、全面解決合意を結んだ前イ対協会長からバトンを受けた立場として企業との合意を尊重しなければならず、自らの信念とのはざまで思い悩む。

「まずは腎症を患う人たちの声に耳を傾けていきたい」と考えている。その姿勢は、かつてイ病患者の元へ足しげく通った義久さんと重なる。原点に立ち返って、進むべき道を探る。

元に戻らぬ田んぼ

汚染の爪痕

復元後も農業に支障

2022年8月9日、イタイイタイ病患者らの勝訴判決が確定してから50年を迎えた。半世紀前、判決を受けて被害者側が原因企業との交渉の末に獲得したのが、イ病を引き起こすカドミウム汚染田を復元する誓約だ。1980～2012年の復元事業でよみがえった美田。そこで今、農家を苦しめる問題が起きている。

「今年は稲刈りができるだろうか…」。稲穂が実り始める8月、富山市婦中町熊野地区の農業、奥野英雄さん（73）は不安に襲われる。水田でコンバインが立ち往生し、作業の中断を余儀なくされるからだ。

原因は所々にある深み。いったんはまると、重機やトラクターで引っ張り出すのに手間がかかる。重機などを使わず、自力で脱出しながらも、再び立ち往生するのを危惧し、その水田の稲刈りを諦めたこともある。

地区内にある他の農家の水田でも、同じことが起きる。動けなくなったまま放置されたコンバイン、重機で引き上げる際に踏み倒された多くの稲…。何度も目にしてきた光景だ。「こんなことがいつまで続くのか…」。苦渋をにじませる。

＊

熊野地区は、イタイイタイ病患者が最も多く出たエリアだ。惨劇をもたらした、かつての汚染田で、復元工事後の年月の経過とともに、地中の「耕盤」と呼ばれる構造物が沈下し、深みができている。その大本をたどると、汚染規模の大きさに行き着く。

熊野地区を含む神通川流域で、富山県が確定した汚染エリアは1686ヘクタール。東京ドーム360個分に相当し、一つの地域での土壌汚染対策としては国内最大だ。

企業用地などに転用された田は復元を免除されたため、実際の復元面積は半分強にとどまったが、それでも膨大な汚染土の発生が見込まれた。他へ運び出すことはできず、その場で処理するしかなかった。

＊

前年秋にコンバインが通った跡が残る軟弱箇所＝2022年4月、富山市婦中地域

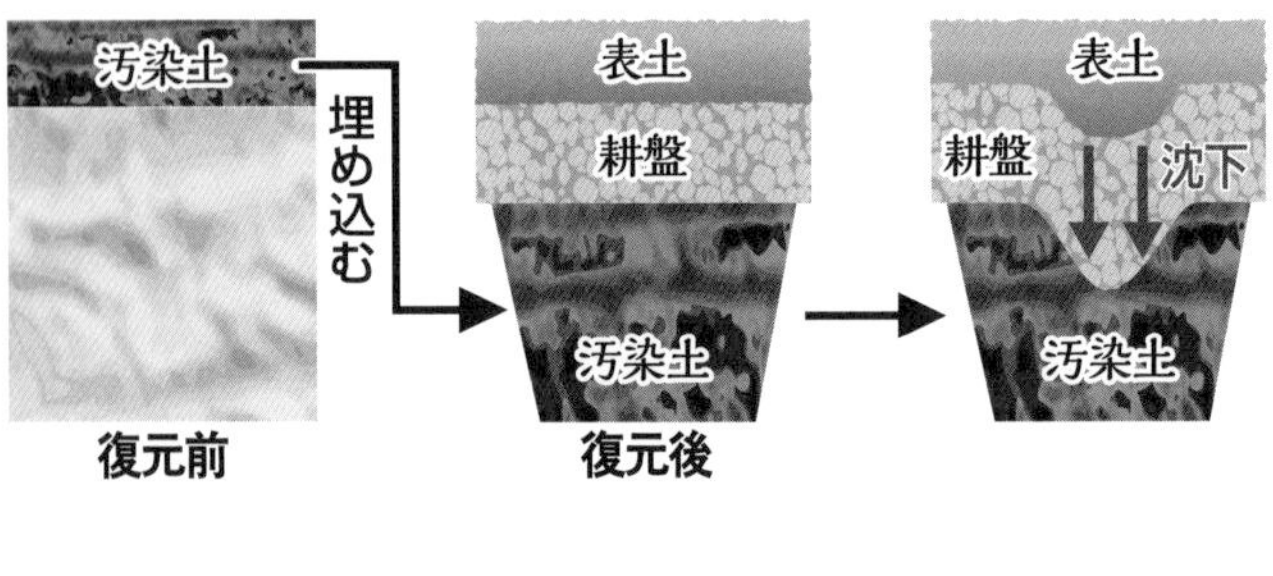

県が導き出したのは、剝ぎ取った汚染土を水田の地中に埋め、その上に石や砂で耕盤を造って封じ込める手法だ。地表にカドミが出たり、稲の根が汚染土に到達したりするのを防ぐことができる。

ところが、この工法には〝負の側面〟があった。汚染土を埋める穴を3～5メートルまで掘り進めた際、たびたび水が湧き出ていたのだ。工事を担当していた県農林水産部の元職員は、その時の対処法について「ポンプで水を抜き取って、穴の底に石を敷き詰め、汚染土を運び入れたことがある」と証言する。

地下水脈などに到達しないよう、浅く掘る手法への切り替えも選択肢として考えられた。だが、「設計のやり直しなどで工期の延長や工事費の増額につながりかねず、ほぼできなかった」。

背景には「汚染地域というレッテルを早く拭い去りたい」と願う県幹部の思惑や、予算の枠内で工事を成し遂げなければならない行政側の事情があった。

「工事の後、地下水位の変動によって、汚染土が緩み、耕盤が沈下した可能性も否定できない」。元職員の見方だ。

407億円を投じて汚染を克服しても、元に戻らない水田。今も残る四大公害の爪痕である。

美田　引き継げるか

地権者の意識

農家と隔絶　補修阻む

イタイイタイ病の原因となるカドミウム汚染から復元された神通川流域の水田で、これまでに確認された地盤軟弱箇所は計652。同様の状態は他にも見つかっており、収束の見通しは立っていない。

軟弱地盤は農作業への支障だけでなく、機械が故障する原因にもなる。富山市婦中地域の農家は「コンバインが沈んだ時に刈り取り部分が土を削って摩耗してしまう」と、ため息を漏らす。毎年、部品交換が必要になり、費用は約10万円。米価の低迷で収入が減る中、経営をさらに圧迫する。

県は国の補助金などを活用し、補修工事を実施している。だが、工事に向けては「高いハードルがある」と、この農家は受け止める。耕作する約40ヘクタールのほとんどが借地。着工には、費用の6％弱の負担が課される地権者の了解が欠かせないからだ。

借地契約を結んだ地権者が亡くなり、相続した子や孫は農地への関心が薄れているという。

「借地料の変更を打診する文書を送っても返信がないことがある。自分の田んぼという意識すら、なくなってきたのではないか」と実情を打ち明ける。

「そんな地権者が負担金の支払いに応じるだろうか」。不安を抱きつつ、地元生産組合を通じて働きかけたが、返事はない。「悪条件が解消されない田んぼで、いつまで耕作を続けられるのか」と思い悩む。

懸念が現実となるケースも出てきた。別の農家は地権者の了解を得られず、作付けを取りやめた。

＊

神通川流域には、水田を借り受けて大規模経営に取り組む農家が多い。きっかけは、1980～2012年の32年に及んだ復元事業だった。複数年にわたる工事期間中に作付け停止を余儀なくされた住民の多くが農業をやめ、田を貸すようになったのだ。

そして今、復元工事の〝後遺症〟ともいえる軟弱地盤が見つかり、その補修を巡る農家と地権者の意識の隔たりが鮮明になっている。被害者団体の神通川流域カドミ被害団体連絡協議会（被団協）代表、江添良作さん（73）はこの問題をクリアするため「地権者の負担をゼ

復元田で行われた補修工事。地権者負担の在り方が課題となっている
＝2021年秋、富山市内

富山県農林水産部に、復元田補修の継続を要望する江添代表（手前左から2人目）
＝2022 年 11 月

ロにできないか」と考える。

同協議会には以前から「公害被害者である地権者が負担金を払う必要があるのか」との不満がある。だが富山県は、細かい水田をひとまとめにする一般の農地整備事業でも、同様に軟弱地盤が見つかっていると主張。その補修で課される地権者負担を、復元田にも適用していると説明する。ただし、復元工事が軟弱地盤を引き起こす原因となった可能性もあると認めた上で「原因企業の三井金属鉱業が工事費の9％強を支払い、地権者負担を低く抑える形になった」（農村整備課）としている。

地権者の負担をさらに軽くする場合は「企業側の負担割合を高めることなどが選択肢になる」というのが県の考え方だ。しかし、三井金属は22年11月現在、「今後もこれまで同様、真摯《しん し》に検討する」と言及を避けている。

＊

現行の15～26年度補修計画の事業費は約6億円と見込まれているが、資材費や燃料費の高騰で膨らむことも想定される。同課の宮﨑雅仁主幹は「負担割合が現行のままでも企業負担の増額が避けられなくなれば、改めて協議が必要になる」としている。

27年度以降の計画は白紙のままだ。22年11月、被団協から恒久的な補修継続などを求められた堀口正・農林水産部長は「今の時点で（方針は）申し上げられない」と述べるにとどめた。

「工事の先行きが不透明だと後継者確保にも響く」と江添さん。よみがえった美田を未来へ引き継ぐため、着実に補修を進められる仕組みづくりが急務だ。

豊かな清流　未来へ

公害克服

先導役の責務重く

かつて敵対していた者同士が壇上に並ぶ光景に、会場から「奇跡的」との声が上がった。2021年11月、イタイイタイ病と並ぶ四大公害病・水俣病の被害地、熊本県水俣市で開かれた公害問題フォーラム。三井金属鉱業と共にイ病の原因企業と位置付けられる神岡鉱業（岐阜県飛騨市）元社長、渋江隆雄さん（71）と、当時の神通川流域カドミウム被害団体連絡協議会（被団協）代表、髙木勲寛《くにひろ》さん（81）が共にパネリストを務めた。

渋江さんは、被団協と再汚染防止に取り組んだ歩みを、「二人三脚」という言葉を交えて説明。髙木さんも、対立から融和への経緯を振り返った。

その様子が「奇跡」とまで評されたのは、水俣の被害者と原因企業との接点が、水俣病公式確認から70年近くたった今も乏しいからだ。

企画した国立水俣病総合研究センターには「イ病の事例をモデルに、共同活動ができるようになれば」という願いがあった。

＊

公害史上にも例がないとされる、原因企業と被害者による公害対策の取り組み。その起点となったのは、1972年8月にイ病患者らの勝訴確定を受けて結んだ公害防止協定だ。イ病の原因となるカドミウムを排出していた鉱山や工場内に、被害者側がいつでも立ち入り調査できることを盛り込んだ。

調査はその年からスタート。被害者側は、専門知識を有する企業側と対峙《たいじ》するため、科学者グループの後ろ盾を得た。

「当初は学生運動で大学当局を追及する団交のような雰囲気だった」。全共闘世代で運動経験を持ち、初回の立ち入り調査から約50年にわたり科学者グループに加わった元大阪市立大学院教授、畑明郎さん（76）が振り返る。

畑さんが成果の一つに挙げるのが、高濃度のカドミで汚染された地下水が工場地下の水路を経て神通川上流に注いでいるのを突き止めたことだ。その後、企業側が地下水路付近に設けた井戸で汚染水をくみ上げるなどの対策に乗り出した。

50回目の立ち入り調査で、廃水処理施設の耐震性について質問する被団協メンバーら（右）
＝2021年7月、神岡鉱業

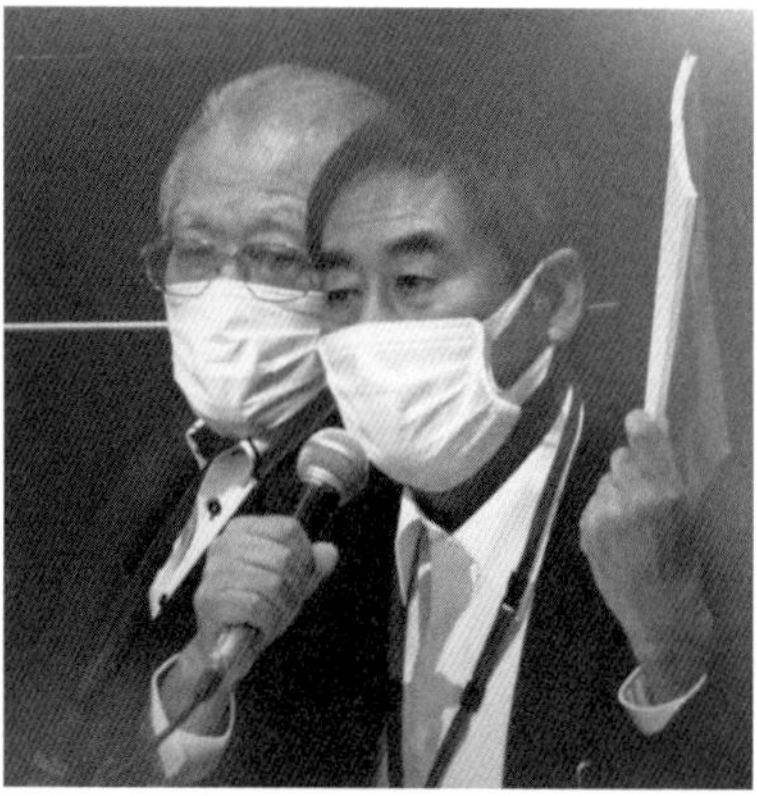

水俣市のフォーラムでパネリストを務めた渋江元社長
（手前）と髙木前代表　＝2021年11月
（国立水俣病総合研究センター提供）

それらの取り組みにより、2021年のカドミ排出量は1972年の15分の1まで減少。神通川の水質は自然界値まで改善した。

＊

両者がせめぎ合いながら、水質改善にまい進した過程を通じて構築したのが「緊張感ある信頼関係」と呼ばれる結び付きだ。

その関係性を踏まえ、被団協は調査法の見直しを検討している。企業側に要望や提案をして対策を迫るやり方から、企業側の自主的な取り組みをチェックする方式に転換する方向だ。

被団協代表の江添良作さん（73）は「企業の自主性をある程度尊重する」との考えを示す。一方で「提示されたデータをそのまま受け入れることはない」と強調。「工場排水や鉱山の沢水などの水質測定を企業と住民がクロスチェックする態勢は維持すべき」としている。

ただし、担い手と財源が限られる中で、調査日数や箇所の縮減が検討課題になる見通しだ。神岡鉱業の岡田洋一社長は「自然界値を維持することが大前提」とした上で、被団協と合意できるところから見直しに着手したい意向だ。

一方、21年度で科学者グループを退いた畑さんは先行きを危ぶむ。「提案や注文を重ねないと、（企業側の）取り組みは後退する」

緊張感と信頼。相反する二つをどう両立させ、「神様が通られる川」として親しまれてきた清流・神通川を守るのか。公害克服の動きを先導してきたイ病被害地域は、引き続き重い責務を担う。

関連記事

「北日本新聞」2021年1月～22年9月
記事中の人物の肩書、年齢は新聞掲載時のままです

〈社説〉イ病勝訴50年　教訓 次代につなげねば

２０２１年３月28日掲載

イタイイタイ病というと、遠い昔の出来事だと思っていないだろうか。富山市の神通川流域を襲ったこの公害病は、患者認定の審査や発生源の神岡鉱業（旧三井金属鉱業神岡鉱業所、岐阜県飛騨市）への立ち入り調査が今も続く。決して過去のことではない。

今年は、イ病の患者らが原因企業に賠償を求めた訴訟で勝訴してから50年。当時を知る住民の多くが亡くなり、風化が強く懸念される。あらためてイ病への理解を深め、その歴史が投げ掛ける教訓を未来につなげていかなければならない。

イ病は、同鉱業所から排出されたカドミウムによって引き起こされた四大公害病の一つ。コメや水を通して摂取した流域住民に、腎臓障害や骨がもろくなる骨軟化症が相次いだ。骨が折れやすく、激痛を伴うことから、その名が付いた。

旧婦中町の住民らが中心となり、１９６６年、イ病対策協議会が発足し、２年後に提訴。同じ年に旧厚生省が公害病と認定した。71年に一審の富山地裁で、公害裁判では全国初の勝訴となり、企業側は控訴したが二審も住民側が勝訴し、72年に判決が確定した。

神通川の水質改善や汚染防止対策、被害地域の農地復元など、その後の取り組みを経て、被害者団体は2013年に企業側と「全面解決」の合意を締結した。

教科書的に振り返ると、イ病は以上のような経過をたどるのだが、そこには、知らず知らずのうちに身体がむしばまれ、当たり前の日常が奪われる不条理さ、時に死を超えるような患者の苦しみ、激しい裁判闘争、公害克服への強い決意など関係者一人一人の壮絶な生き様が刻まれている。

イ病の歩みをたどることは、環境と命を大切にするライフスタイルや地域づくりに通じる。加えて、新型コロナウイルス禍にあって、差別や偏見、過度な同調圧力にどう向き合うのか、といった点でも多くの示唆を与えてくれる。

50年の節目に当たり、こうしたイ病の教訓にあらためて目を向けたい。とりわけ、子どもたちに何が起き、どう乗り越えていったのかを伝えていくことが重要だ。

そういう意味では、学びの場としてイ病資料館（富山市友杉）の活用を勧めたい。資料館では、被害の実態や環境対策がジオラマや映像などで分かりやすく紹介されている。語り部の講話も行われ、実体験を踏まえた話は心に響く。

子どもたちを含む多くの人への記憶の継承。それが風化を防ぐ手立てになる。

2021年6月30日掲載

〈社説〉イ病の教訓　社会全体で共有・継承を

50年前のきょう6月30日、富山地裁周辺は原告側の支援者ら約1千人でごった返し、熱気に包まれていた。イタイイタイ病の患者らが原因企業に賠償を求めた訴訟の判決で、原告勝訴が言い渡された。公害裁判で被害住民が勝訴したのは全国初。「勝った…裁きの庭にVサイン」「断罪された公害ニッポン」。本紙はそんな大見出しで、当時の様子を伝えている。

あれから半世紀。当時を知る住民の多くが亡くなり、記憶の風化が進む。しかし、私たち県民にとって、イ病の歴史は決して忘れてはならないものだ。この節目に、一人でも多くの人にイ病への理解を深めてもらい、その教訓を次世代に継承していきたい。

四大公害病の一つであるイ病は、神通川上流の神岡鉱山（岐阜県飛騨市）から流れ出たカドミウムが原因。富山市の流域住民はコメや水を通してカドミを体内に蓄積させ、腎臓障害や骨がもろくなる骨軟化症に襲われた。くしゃみやせきをしただけで激痛が走り、骨折する人が相次いだ。患者たちが泣き叫びながら苦しむ様子からその名が付いた。

患者の発生は1910年代と言われる。被害者団体の結成、激しい裁判闘争を経て、ようやく神通川の水質改善や汚染地域の農地復元が進む。ただ、その道のりは長く、被害者団体と原因企業が「全面解決」で合意したのはわずか8年前のことだ。

イ病の歴史を振り返ると、いくつもの「ｉｆ（もしも）」がある。「もっと早く国が原因究明に本腰を入れていたら」「企業側も住民の訴えに向き合い、対策をとっていたら」…。県が認定したイ病患者は２００人、発症の可能性が否定できない要観察者は３４３人。「もしも」が一つでもかなっていたら、これほど大きな被害にならなかっただろう。

戦後の経済成長期、企業は収益を重視して環境対策を怠り、行政の対応も鈍かった。その結果、多くの人の健康が損なわれた。この教訓を社会全体で共有・継承し、環境と命を大切にするライフスタイルや地域づくりに生かさなければならない。

イ病というと、カドミ原因説を主張した萩野昇医師、患者救済の先頭に立った小松義久さんの名前が浮かぶ。だが、その歴史には、苦痛に耐えた患者、誹謗《ひぼう》中傷に苦しんだ家族、被害者を支え続けた関係者ら多くの人たちの生き様が刻まれている。

あらためてイ病を知ろう。今を生きる私たちが受け止めるべきことは、たくさんあるはずだ。

〈社説〉カドミ汚染復元田　**耕作維持へ補修継続を**

2022年4月17日掲載

イタイイタイ病の原因となるカドミウム汚染から復元された富山市の水田で、地盤が緩くなり農作業に支障を来す事例が後を絶たない。復元事業終了から今年で10年を迎えてもなお、四大公害の爪痕は農家を苦しめている。

イ病の被害者団体、神通川流域カドミウム被害団体連絡協議会によると、汚染田の地盤の緩みは１９９０年代初頭から現れた。１９８０～２０１２年、四つのエリア別に行われた復元事業のそれぞれの終了時期から一定期間をおいて、さみだれ式に発生しているという。復元工事で埋め込まれた汚染土の上にある「耕盤」が沈下したのが原因とみられる。

県がこれまで把握した軟弱地盤は計約６５０カ所。補修工事費は約6億５５００万円と見込まれる。26年度までに全ての工事を終える計画だが、新たに見つかる箇所も相次ぐ。県は27年度以降の計画について未定としているが、早期に継続方針を示すべきだ。

地盤が緩い水田ではコンバインなどが立ち往生するたびに作業の中断を余儀なくされる上、機械が故障しやすい。その悪条件が解消される見通しがなければ、農家の生産意欲をそぎ、一層の耕作放棄につながりかねない。

今も農家を悩ませる大本をたどると、公害被害の大きさに行き着く。明治時代から戦後にかけての期間、神岡鉱山（岐阜県飛騨市）からのカドミ大量流出で汚染された田は１６８６ヘクタール。東京ドーム３６０個分に相当する。実際に復元したのは半分強にとどまったものの、膨大な汚染土を他で処分するわけにはいかず、水田の地中に埋めざるを得なかった。

汚染土と表土を遮断するために設けられたのが耕盤だ。その耕盤の劣化が地盤沈下を招いたのなら、過去の公害が今の農業に悪影響を及ぼしているともいえる。だからこそ、汚染を引き起こした三井金属鉱業が行政と共に補修工事費を負担する現行の仕組みには合理性がある。

しかし、その仕組みが今後も維持されるかは不透明となっている。県によると、継続的に企業の協力を得られるか分からないからだ。だが、復元田に不具合が生じ補修が求められる限り、原因企業には一定の責任を担ってもらうべきではないか。県はしっかり交渉してほしい。

いったん引き起こされた公害がいかに長く弊害をもたらすか。復元田で起きている事態から、その深刻さが浮かぶ。公害を二度と起こしてはならないという決意を改めて胸に刻みたい。

〈社説〉イ病発生防止策　緊張感保ち企業監視を

2022年9月4日掲載

神通川流域で発生した四大公害病の一つ、イタイイタイ病の原因となるカドミウムの流出防止策の在り方について、被害者団体が見直しの検討を始めた。共同で公害防止を進めてきた原因企業への信頼が高まる中で出てきた動きだが、チェック機能低下につながる可能性も否定できない。神通川の清流を取り戻した成果を、未来へどう継承するかが問われている。

カドミ汚染対策を進める原動力となったのは、イ病患者らの勝訴判決が確定した1972年8月に被害者団体と企業側が結んだ公害防止協定。その柱は、被害者団体が望めばいつでも鉱山や工場内に立ち入り調査ができると明記した規定だ。住民による恒常的な監視を導入した先見性は、今も高く評価される。

立ち入り調査は、有志の科学者グループの支援を受けながら、同年から毎年行われてきた。功績として特筆されるのは、高濃度のカドミに汚染された地下水が神通川上流へ通じる水路に流れ込んでいるのを発見したことだ。企業側が水路付近に井戸を設けて汚染水をくみ上げ、流入の防止につなげた。

関連記事 162

それらの積み重ねにより、神通川のカドミ濃度を自然界レベルにまで回復させた。対策を企業任せにしなかったからこそ、たどり着けた到達点だろう。

ところが、被害者団体の神通川流域カドミ被害団体連絡協議会（被団協）は、企業側への提案を通して対策を迫る従来のやり方から、企業側の自主的な取り組みをチェックする方式への転換も視野に、今後の在り方を検討し始めた。

背景には、共に公害克服に取り組む中で両者の対立が薄れてきたことがある。被団協には、環境重視の姿勢を打ち出すようになった企業への信頼を前提に、その自主性を尊重する姿勢がにじむ。

ただ、これまで対策強化を求める交渉で、企業側が受け入れに難色を示す場面があったのも事実だ。企業にとって汚染防止は採算性との兼ね合いの上に成り立っており、経営の立場と異なる視点からの提言は今後も大切になる。

被団協と企業がせめぎ合いながらも協調を図るありようは「緊張感ある信頼関係」と呼ばれる。しかし、緊張と信頼の二つを両立させるのは容易でなく、２０１３年に企業側の謝罪を受け入れた全面解決合意以降はむしろ緊張感の希薄化が進む。被団協は神通川の清流を取り戻す原点が原因企業への厳しい姿勢にあったことを忘れず、監視機能を維持すべきだ。

3月　医師らがシンポ

イ病解明の功績に光

2021年1月28日掲載

イ病の原因を解明した吉岡博士の著作を手に、シンポの準備を進める青島院長

神通川流域で発生した四大公害病の一つ、イタイイタイ病の患者らが原因企業に賠償を求めた訴訟に勝訴してから、今年で50年を迎えるのに合わせ、治療や研究に当たってきた医師、専門家によるシンポジウムが3月8日、オンラインで開かれる。イ病の原因を解明した先人らの功績に光を当てるほか、患者の現状と課題について報告が行われる。

シンポは日本衛生学会学術総会の催しとして開かれる。イ病治療に当たってきた萩野病院（富山市婦中町萩島）の青島恵子院長らが準備を進めてきた。同病院はかつて、イ病患者救済に生涯をささげた萩野昇医師（故人）が運営していた。

青島院長は、カドミウム原因説を証明した農学、経済学博士の吉岡金市氏（故人）の功績に着目。吉岡氏に関する著作のある藤原辰史京都大人文科学研究所准教授をパネリストに招き、自然科学と社会科学両方の視点で原因解明を成し遂げた意義を語ってもらう。

堀口兵剛北里大教授が、より精密なイ病検診や患者認定の在り方について、イタイイタイ病を語り継

関連記事　164

ぐ会の向井嘉之代表運営委員はイ病と戦争をテーマに意見を述べる。青島院長は、被害者団体と原因企業が結んだ「全面解決」の合意を経て残された課題について報告する。

シンポは3月8日午後1時20分〜3時20分。日本衛生学会学術総会のホームページからリンクした動画投稿サイト「ユーチューブ」で視聴できる。同総会は3月6〜8日に行われ、新型コロナウイルスをテーマにした講演や衛生学のシンポなどもある。

患者団体が勝訴50年の会見

凄惨な過去　忘れない

2021年7月1日掲載

神通川流域で発生した四大公害病の一つ、イタイイタイ病の患者が原因企業に賠償を求めた訴訟で勝訴してから50年を迎えた6月30日、患者団体「イタイイタイ病対策協議会」の高木勲寛《くにひろ》会長らが富山市婦中町萩島の清流会館で記者会見し、「凄惨《せいさん》な過去を忘れないでほしい」と訴えた。勝訴を足掛かりに豊かな大地と清流を取り戻した成果をアピールし、汚染源の監視継続や教訓伝承を誓った。

声明を読み上げ、再発防止に決意を込める高木会長（左から２人目）＝清流会館

高木会長は発表した声明で「加害企業の責任を断罪し、四大公害病訴訟の最初の（勝訴）判決だった」と意義を強調。企業側と交わした誓約や協定に基づき、カドミウム汚染田復元や神通川水質の自然界値への回復などを果たした経緯を述べた。

公害再発を防ぐため「企業とも引き続き連携しながら、効果的な発生源対策を実施していく」と、監視の継続を誓った。

認定された患者は200人で、6月20日現在の生存者は1人。会見に同席したイ病弁護団の山本直俊弁護士は、2016年以降の患者認定がないことに触れ、「一定のカドミが（体内に）蓄積した人の中から、患者が出ることが高い確率で予想される。イ病は終わっていない」と指摘した。

イ病は、神岡鉱山（岐阜県飛騨市）から神通川へ流れ出たカドミを飲み水やコメなどから摂取して発症する。腎臓障害によって骨がもろくなり、くしゃみやせきをしただけで激痛が走り、骨折に苦しむことから、その名がついた。1968年に患者らが三井金属鉱業に賠償を求めて提訴。71年6月30日、一審・富山地裁で勝訴判決を受け、72年8月に確定した。

関連記事 166

イ対協　当時の新聞記事展示

歴史的勝訴　熱気伝える

２０２１年７月１日掲載

イ病訴訟での住民側勝訴を伝える新聞紙面＝清流会館

神通川流域で発生したイタイイタイ病の患者らが原因企業に賠償を求めた訴訟で勝訴してから50年を迎えたのを受け、当時の新聞記事を集めた展示会が6月30日、富山市婦中町萩島の清流会館で始まった。7月2日まで。

患者団体のイタイイタイ病対策協議会（イ対協）が企画し、本紙の5点を含む10点を並べた。「全面的勝訴」「目頭押さえる患者」などの見出しで、四大公害病の中で初となる住民側勝訴の意義や、救済の手が届いた患者の「感慨無量」の思いを伝えている。法廷外で密集する住民らがVサインをしたり、患者の遺影を高々と掲げたりして喜ぶ写真からは、現場の熱気が伝わる。

イ対協の高木勲寛会長は「公害の悲惨さを、この機会に知ってほしい」と話す。会期中は午前10時〜午後3時に開館。入場無料。

神岡鉱山へ被害団体　50回目　立ち入り調査

清流守る決意新た

２０２１年7月18日掲載

イタイイタイ病の被害者団体、神通川流域カドミウム被害団体連絡協議会（被団協）は17日、原因企業の神岡鉱業（岐阜県飛騨市）で、50回目となる立ち入り調査を行った。企業側と共に、神通川の水質を自然界のレベルに回復させた意義を改めてかみしめ、清流を後世に伝える決意を新たにした。

参加したのは被団協の髙木勲寛代表ら22人。同社の工場や、イ病の発生原因となるカドミウムを含む鉱石かすの堆積場を見て回り、耐震策などを確認した。岡田洋一社長ら会社側との質疑では、静岡県熱海市の大規模土石流災害を踏まえた豪雨への備えなどを質問。企業側は「工場周辺（の土砂災害警戒区域など）に盛り土はない」などと答えていた。

調査に先立ち、「神通川の清流甦《よみがえ》る」と書かれた横断幕を掲げ、記念撮影をした。立ち入り調査は、イ病訴訟で住民側の勝訴が確定した１９７２年、当時の原因企業の三井金属鉱業と結んだ公害防止協定に盛り込まれ、同年から毎年１回行われている。住民側の科学者グループの調査を踏まえた提言を企業側が取り入れ、カドミ流出防止策が飛躍的に進んだ。

横断幕を掲げ、記念撮影する被団協と企業側関係者＝神岡鉱業

関連記事 168

神岡鉱山立ち入り調査ルポ

終わりなき公害対策 「大丈夫か」注文次々

２０２１年７月18日掲載

四大公害病で初の患者側勝利という歴史を刻んだイタイイタイ病訴訟判決から50年となる今年は、カドミウム汚染防止の原動力となった立ち入り調査が50回目を迎える節目でもある。17日、その調査に同行した。対立から「緊張感ある信頼関係」構築に至った被害者と企業側。半世紀にわたる歩みを経ても、「まだ通過点」との思いを共有する姿勢が随所ににじんだ。

富山市中心部から車を走らせ1時間余り。神通川支流、高原川の対岸に褐色の工場群が見えてきた。イ病の原因となるカドミウムを排出していた三井金属鉱業神岡鉱業所の後身、神岡鉱業（岐阜県飛騨市）だ。

敷地に入り、背後の山々に目をやると、樹木の緑がまぶしい。排煙に大量の重金属や硫黄酸化物が混じっていた１９７０年代は、山肌がむき出しになる無残な光景だったが、公害対策とともに植林が進められ、緑がよみがえったという。工場の至る所に掲げられた「環境安全最優先」の看板からも、この50年の企業側の意識変化が浮かぶ。

午前8時半、被害者団体、神通川流域カドミウム被害団体連絡協議会

シックナーの耐震性について、疑問をぶつける被団協メンバーら（右）＝神岡鉱業

（被団協）メンバーら22人が到着。髙木勲寛代表はあいさつで、神通川の清流を取り戻したことに満足感を漂わせる一方、こう述べた。「再汚染を防止する調査の一端であり、対策を継続する通過点」。さらに「富山平野の安心安全に資する」と責任感をにじませた。

一行が最初に足を運んだのは「シックナー」と呼ばれる巨大な水槽のような構造物。カドミが混じった湧き水などを処理している。耐震性があるとの企業側の説明に、住民側は、鉄筋が入っていない部分があることを理由に「本当に大丈夫か」などと疑問をぶつけた。地震で壊れたら、高原川にカドミが流れ出す可能性があるだけに、納得できるまで食い下がる姿勢がうかがえた。

「報道の方はここまででお願いします」。質疑が終わった後、その先の取材は禁じられ、工場内や鉱石かす堆積場への立ち入りはできなかった。

調査が終わるのを待ち、神岡鉱業側との質疑応答に同席した。構造物の耐震診断の継続や豪雨への備え…。全国的な災害多発を意識した質問、要望が相次ぎ、企業側はたくさんの「宿題」を背負った。

「住民側は50回目は通過点と述べていますが」。質疑応答の終了後、報道陣に問われた岡田洋一社長。「その通りと感じています」。きっぱりと言い切った。

公害対策に終わりはない――。両者のやり取りを目の当たりにして、そんな認識を新たにした。

関連記事 170

語り継ぐ会シンポ　教訓・課題学ぶ

再汚染防止へ対策を

２０２１年９月26日掲載

市民団体「イタイイタイ病を語り継ぐ会」は25日、「イタイイタイ病は問い続ける」と題したシンポジウムを、富山市の県民共生センターで開いた。約50人が参加し、今に通じるイ病の教訓や課題を学び、再汚染防止策などを考えた。

原告勝訴50年と神岡鉱山への立ち入り調査50回を記念して開催された。住民側学者グループの一員として立ち入り調査を続けてきた元大阪市立大大学院教授の畑明郎《はたあきお》さんと、北日本新聞でイ病をテーマに連載「神の川　永遠に―イ病勝訴50年」を執筆した宮田編集委員が講師を務めた。

オンラインで参加した畑さんは、立ち入り調査の成果について「カドミウム汚染地下水の処理などが進み、神通川の水質を自然界レベルに回復させることができた」と述べた。再汚染防止に向け、「集中豪雨や大地震など非常時の対策が課題」とした。

宮田編集委員は、かつてのイ病患者への差別・偏見と新型コロナ感

イ病の教訓などを語った
宮田編集委員（正面右）と
スクリーンに映し出された畑さん

連載「神の川　永遠に」の記事を
眺める来場者

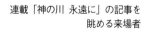

染者への誹謗《ひぼう》中傷を重ね合わせ、「未知の病やウイルスによってあぶり出される『差別の構造』が、今も根強く存在している」と指摘した。

会場には連載と、イ病訴訟の原告勝訴を伝える1971年の記事計14点が展示された。北日本新聞社共催。

富山・宮野小6年　教訓伝承に決意

患者の苦しみ　劇で再現

総合的学習でイタイイタイ病について学んだ富山市宮野小学校（穴田涼子校長）の6年生児童47人が23日、同校の学習発表会で、患者の苦しみを再現した劇を披露した。公害防止の願い、教訓伝承の決意を訴えた。

同校の校区には、神岡鉱山（岐阜県飛騨市）から流れ出たカドミウムで汚染され、多くのイ病患者が出た旧婦中町熊野、宮川両地区がある。身近に起きた四大公害病の歴史に理解を深めようと、これまでも6年生の総合的な学習の題材にイ病を選んでいる。

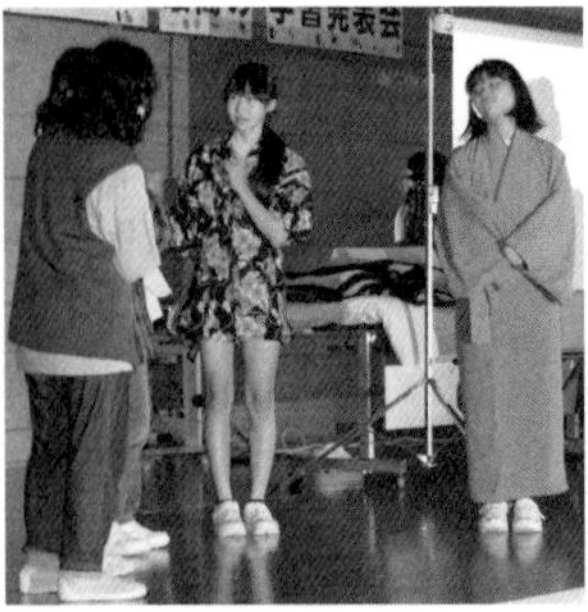

イ病を巡る差別・偏見、患者の苦しみを劇で再現する宮野小6年生

2021年10月24日掲載

劇では、住民らが白く濁った神通川で魚を捕ったり、水を飲んだりしてカドミを取り込んだ様子や、「川に入って死のうか」とまで思い詰めた患者の苦しみを再現。近所の人たちが、「患者のいる家ではお茶も飲めん」などとうわさ話をする場面から、差別や偏見の問題も浮かび上がらせた。

児童らは最後に、「公害病から日本を救うきっかけを担ったという誇るべき功績がある」と、患者らの裁判闘争の意義をアピール。さらに、公害を引き起こしたのは原因企業にとどまらず「より快適で便利な生活を追い求めた人間の心」と訴え、教訓として伝えていくことを誓った。

総合的学習の授業では、イ病対策協議会の髙木勲寛会長や、語り部の小松雅子さん、イ病をテーマにした北日本新聞の連載「神の川 永遠に―イ病勝訴50年」担当記者が講師を務めた。

イ病対策協　勝訴50年式典　来月開催

風化・再発防止へ決意

2022年2月9日掲載

四大公害病の一つ、イタイイタイ病の患者団体、イ病対策協議会（イ対協）の髙木勲寛会長は8日、県庁で記者会見を開き、イ病訴訟の勝利50年を記念して3月に開く式典に向け、教訓伝承や再汚染防止への決意を述べた。

イ病は、神通川上流の神岡鉱山（岐阜県飛騨市）から流れ出たカドミウムを体に取り込むことで、骨がもろくなり、何カ所も骨折するという苦しみをもたらす。昨年は、患者らが原因企業の三井金属鉱業に賠償を求めた訴訟の一審で勝利してから50年、勝訴を受けて始まった鉱山立ち入り調査50回目を迎える節目だった。本来は同年10月に記念式典を開く予定だったが、コロナ禍のため延期した。

今年は二審判決での勝訴確定から50年でもあり、3月12日に富山市のホテルグランテラス富山で式典を開くことにした。県と富山市、被害者団体、原因企業関係者らが出席する。

高木会長は会見で「100年の歴史を背負うイ病の記憶を風化させず、上流に神岡（鉱山）がある限り監視を続ける」と強調。イ病弁護団の山本直俊弁護士も「勝訴を礎に患者救済と汚染田復元、立ち入り調査の活動を続けてきた社会的意義は色あせていない」と述べた。

県内小学生から集めた清流環境作文コンクールの受賞者も発表した。

清流環境作文コンクール受賞者名簿

【清流環境歴史賞】◇低学年▽最優秀賞＝鰐川絢（芝園1）▽優秀賞＝上原紫道（同2）◇中学年▽最優秀賞＝加藤建志（新庄北4）▽優秀賞＝浦野悠愛（湖南4）黒田幸愛（新庄北4）▽佳作＝山﨑雅治（同4）小橋晟（堀川南3）◇高学年▽最優秀賞＝道淵瑚子（上庄5）▽優秀賞＝宮田藍璃（宮野6）松井秀蕗（新保6）水本帆香（鵜坂5）稲場慧吾（宮野6）▽佳作＝小川央翔（草島5）後藤志歩（大門6）伊藤姫花（大久保5）長谷川瑛美（杉原6）山村華帆（宮野6）小橋菜々実（堀川南6）【清流環境体験賞】◇低学年▽最優秀賞＝松岡勇真（草島1）▽優秀賞＝中西澪菜（八幡1）▽佳作＝平田璃咲（桜井1）杉本悠羽（宮野1）◇中学年▽最優秀賞

＝竹脇大晴（野村4）▽優秀賞＝吉田彩乃（萩浦3）丸山隼橙（堀川南3）▽佳作＝亀谷慶仁朗（利賀4）田上珀慶（大久保4）高瀬青空（速星4）◇高学年▽最優秀賞＝芹原沙來（能町6）▽優秀賞＝砂田嶺太（芝園5）鈴木颯優太（大久保5）▽佳作＝澤井瑠花（宮野5）荒木結夢（出町5）【清流環境科学賞】◇低学年▽最優秀賞＝伊藤瑛紀（下関2）▽優秀賞＝若林由萌（音川2）中谷杏菜（速星2）▽佳作＝清水逞雅（新庄2）城岸梨央花（利賀2）◇中学年▽最優秀賞＝橘奏志（金山3）▽優秀賞＝黒田唯心（砺波北部3）米沢優志（富大付属3）羽岡愛衣（野村4）▽佳作＝浅野朱俐、大山佐奈（速星4）谷山彦、生田かこ（利賀3）小西梨椛（新庄北4）◇高学年▽最優秀賞＝吉田百花（萩浦5）▽優秀賞＝中村真颯弥（速星5）▽佳作＝佐双颯斗（新保5）村上七星（大久保5）【清流環境奨励賞学校賞】草島、宮野、利賀【同学級賞】草島、堀川南、新庄北、大久保、古沢、中央、音川、熊野、新保、速星、鵜坂、宮野、金山、利賀

写真集を作製

苦悩・闘争の歴史一冊に

2022年2月9日掲載

イ対協と被害者団体「神通川流域カドミウム被害団体連絡協議会」はイ病訴訟勝利50年に合わせ、法廷闘争から公害克服の歩みをたどる写真集を作製した。編集委員代表の中川尚孝・同協議会理事らが記者

イ病勝訴50年に合わせて作製した写真集を手にする髙木会長（右）と中川理事

会見で披露した。

Ａ４判、１１９ページで、５７３点を掲載。体を全く動かせない患者が畳に載せられたまま運ばれる姿、激痛にゆがむ患者の表情から、病の恐ろしさや苦しみの深さが伝わる。痛みをこらえて証言に臨んだ女性患者、裁判官による現場検証の際に屋外で正座をして待つ被害住民の様子には、人間の尊厳を懸けた法廷闘争への強い思いがにじむ。

勝訴を受け声明を読み上げる小松義久イ対協会長（当時）、原因企業から患者救済や汚染田復元などの誓約を勝ち取った交渉風景など、四大公害裁判で初の住民側勝利という歴史を刻んだ闘いの名場面が多く紹介されている。

約２千部を作製し、同時に仕上げた記念映像のＤＶＤと共に県内小学校などへ贈り、教育に役立ててもらう。写真集の制作は北日本新聞開発センターが担当した。

2022年3月13日掲載

記念式典　再発防止の誓い新た
「史実と教訓　後世に」

神通川流域で発生した四大公害病の一つ、イタイイタイ病の患者団体、イ病対策協議会（イ対協）と神通川流域カドミウム被害団体連絡協議会（被団協）は12日、富山市のホテルグランテラス富山で、イ病裁判勝訴50年記念式典を開き、公害再発防止の誓いを新たにした。

神通川上流の神岡鉱山（岐阜県飛騨市）から流れ出たカドミウムを体内に取り込むことで、骨軟化症による複数の骨折など耐え難い苦しみをもたらすイ病。その患者らが原因企業の三井金属鉱業に賠償を求めた訴訟一審で1971年に勝利し、翌72年の二審で勝訴が確定してから50年になる。式典は、その節目とともに、住民による神岡鉱山立ち入り調査が50回目を迎えたのを記念して開かれた。

冒頭にイ対協、被団協の両団体代表、髙木勲寛さん（80）が「神通川のカドミ濃度を自然界レベルにまで改善する類例のない成果は、住民の粘り強い活動と企業側の努力で実現した」とあいさつ。イ対協の初代会長、故小松義久さんの次女で副会長の雅子さん（66）は「恐ろしい悲惨な公害を二度と引き起こすことのないよう、長年にわたる闘いの史実と教訓を、末永く後世に伝えていく」と決意表明した。昨年、イ病発症の可能性が否定できない要観察と判定された人がいたことから「過ぎ去った公害病ではない」とも訴えた。

来賓として知事代理の木内哲平県厚生部長、富山市長代理の杉谷要環境部長が式辞を述べた。

被害者団体や原因企業関係者、朝倉正幸団長ら弁護団メンバーのほか、上田英俊、吉田豊史の両衆院議員、超党派の県議ら約140人が出席。記念品として、イ病克服の歩みをつづった昨年2～7月

髙木代表（壇上）らが公害再発防止の誓いを新たにしたイ病勝訴50年記念式典

の北日本新聞連載「神の川　永遠に―イ病勝訴50年」を収録したイ対協作製の冊子などが配られた。

風化防止で本社を表彰

イ対協などは記念式典で、清流復活やイ病の歴史伝承に貢献した3個人と1団体にそれぞれ表彰状、感謝状を贈った。

表彰状を受けたのは元大阪市立大大学院教授、畑明郎さん（76）＝滋賀県＝と北日本新聞社。畑さんは、神岡鉱山への立ち入り調査で、50年にわたり住民側をサポートした。北日本新聞社は連載「神の川　永遠に」を通じ、風化防止に寄与したとされた。

患者の姿や法廷闘争の様子を数多く撮影し、貴重な記録を残した写真家、林春希（本名・春樹）さん（72）＝名古屋市＝と、立ち入り調査に被害者団体の住民として関わってきた奥田利光さん（75）＝富山市婦中町持田＝には、感謝状が贈られた。

清流復活や風化防止に貢献したとして
表彰状や感謝状を受けた関係者

写真家 林さん（名古屋）3万6000枚撮影

患者の苦痛 フィルムに 風化防止へ活用願う

2022年3月15日掲載

複数の骨折による痛みに耐えながら法廷闘争に臨み、死後は骨すら満足に残らない。写真家の林春希さん（72）＝名古屋市＝は、そんな不条理と向き合った神通川流域のイタイイタイ病患者らの姿を約3万6千枚のフィルムに収めてきた。イ病訴訟の患者側勝訴が1972年に確定してから今年で50年。「公害病の歴史は忘れられつつある」と危機感をにじませ、作品を多くの人に見てもらうことで風化防止につなげてほしいと願う。

「風化防止のため、多くの人に写真を見せてほしい」と訴える林さん＝富山市内

林さんは12日、富山市内で開かれた勝訴50年記念式典に出席。取材に対し、半世紀前を振り返った。カドミウム汚染で多くのイ病患者が出ていた婦中町（現富山市）を初めて訪れたのは、訴訟開始から間もない68年7月。当時は報道カメラマンを志して横浜市の写真専門学校に通う学生で、イ病などの公害問題に関心を持ち、撮影テーマに据えた。

イ病の原因究明に尽くした萩野昇医師（故人）の病院を真っ先に訪ねた。患者は病室から診察室まで動くのもやっと。寝たきりの人もいた。苦痛に耐える様子を目の当たりにし、「どうしたら、写真

（上）現場検証で裁判長を出迎える女性患者ら
＝1969年5月、婦中町萩島
（下）亡くなった患者のひつぎを担ぎ
野辺の火葬場へ向かう葬列
＝69年ごろ、婦中町（いずれも林さん撮影）

に患者の内面を浮き上がらせられるか」と意識するようになった。

イ病対策協議会長、小松義久さん（故人）との出会いが、その課題をクリアするきっかけとなった。

訴訟の審理のたびに来県し、小松さん宅に寝泊まりして患者宅への訪問に同行した。「小松さんの知り合いなら」と信頼を得られたため、カメラを向けても抵抗感を示されることはなく、「自然な表情を撮られるようになった」

その成果が凝縮されているのが、69年5月に一審・富山地裁の裁判長が婦中町を現場検証で訪れた際、屋外に並んで出迎える女性患者らを捉えた写真だ。

地面に正座したり、腰をかがめながら立ったりして、正面を見つめている。「この姿を見て、私たちの苦しみを分かってほしい」。その時、林さんが感じ取った患者らの一念がにじむ。

イ病は骨密度が極度に低下し、火葬後に拾い上げられる遺骨が乏しくなる。その残酷さに迫った一

関連記事 180

枚が、亡くなった患者のひつぎを担いで火葬場へ向かう葬列の風景だ。「公害病で命を落とした人の悲しみを訴えたかった」と思いを語る。

勝訴確定の72年8月までの4年間に撮影したのは約3万6千枚。うち約7千枚は県イ病資料館に保管されているが、未公開のものも多い。「歴史を風化させないため、視覚に訴えられる資料である写真を多くの人に見せてほしい」。同館オープンから今年で10年を迎えるのを機に、有効活用を望んでいる。

2022年3月24日掲載

イ対協会長に小松さん

次の50年へ教訓継承

神通川流域で発生した四大公害病の一つ、イタイイタイ病の患者団体「イ病対策協議会」(イ対協)は23日、富山市婦中町萩島の活動拠点、清流会館で総会を開き、髙木勲寛さん(80)=同市婦中町蔵島=に代わる新たな会長に副会長の小松雅子さん(66)=同市婦中町青島=を選んだ。小松さんはイ対協初代会長、故義久さんの次女。「後世へイ病の史実をしっかりと語り継ぎ、広めたい」と決意を述べた。

小松さんは、四大公害病で初となる住民側勝訴判決が197

記者会見で、患者救済や教訓伝承への決意を述べる小松会長
左は髙木前会長=清流会館

2年に確定してから50年の節目に会長職を担う。任期は23日から2年間。総会後の記者会見では、県イ病資料館の「語り部」を務めてきた経験を踏まえ、「清流を永遠に守るため教訓を発信していきたい」と意気込んだ。

前任の髙木さんは2003年、義久さんの後を継いで2代目会長に就任。13年に、原因企業の三井金属鉱業と結んだ全面解決合意で、イ病発症の前段階とされる腎臓障害の人たちへの一時金支給を実現させた。会見で「企業との直接交渉で一定の成果を上げられた」と振り返った。

県によると、3月1日現在、計200人がイ病患者に認定され生存者は1人。発症する可能性がある要観察者は計344人で2人が生存している。

父と同様「寄り添う」

「患者に思いを寄せていかなければならない」。小松新会長が記者会見で示した基本姿勢だ。かつて患者が亡くなるたびに病院へ出向き、最期を見届けていた父、義久さんの背中を見て育った影響が色濃くにじむ。同じ会長職を務めることに「身の引き締まる思い」と緊張感を漂わせた。

かねてから「イ病は過去の公害病ではない」と訴えてきた。この日も「今なお苦しむ患者がいる。(私たちに)何ができるか見極めていく」と強調。イ病発症前段階の腎臓障害を抱える人たちにも言及し、「しっかりと向き合っていく」と思いを述べた。

全面解決合意に基づく腎臓障害への一時金支給は、対象者約350人のうち263人にとどまり、

関連記事 182

100人弱が未申請。高木前会長は「もっとアピールし、救済につなげたかったが…」と悔やんだ。積み残された課題は、新会長に引き継がれる。

〈けさの人〉　父の志継ぎ使命果たす
イタイイタイ病対策協議会長になった　小松《こまつ》　雅子《まさこ》さん

2022年4月3日掲載

1970年代に四大公害で初の住民側勝訴という歴史を刻んだイタイイタイ病患者団体のイ病対策協議会。3月下旬、その会長に就いた。勝訴確定から50年の節目に重責を担う緊張感をにじませつつ、初代会長・故義久さんの娘として「使命を果たさなければならない」と決意を込める。

原因企業に賠償を求める訴訟が行われていた68～72年は中学、高校時代で、闘いをリードしていた父の苦悩を目の当たりにした。昼夜を問わず相次いだ誹謗《ひぼう》中傷の電話。時折脅し文句が響く受話器を手に長時間、黙って聞いていた姿を今も胸に刻む。

「圧力に屈することなく、患者を救済するという信念を貫いた」と受け止め、その姿勢を受け継ぐ考えだ。「今も苦しむ患者に思いを寄せていく」と語る。

小松雅子さん

3月時点で認定患者1人が生存。このほか、過去に食事や飲み水でカドミウムを摂取し続けたためイ病前段症状の腎臓障害を患う人も多い。「いったん引き起こされた公害に終わりはない。広範囲にわたるカドミの健康被害としっかり向き合いたい」と考えている。

公害の歴史や教訓の伝承も大切な役目となる。県イ病資料館オープン以来10年間「語り部」を務めてきただけに、思い入れは深い。「被害者の視点や思いがきちんと反映する資料館であってほしい」。行政に注文を重ねながら、風化防止を図るつもりだ。富山市婦中町青島在住。66歳。

富山のカドミ汚染復元田

地盤緩み「農業できない」 農機立ち往生 故障も

2022年4月13日掲載

四大公害病の一つ、イタイイタイ病の原因となるカドミウム汚染から復元された富山市内の水田で、地盤が緩み、農作業に支障を来すケースが後を絶たない。県が対策工事を進めるものの、新たな軟弱地盤が次々と見つかっている。「このままでは農業を続けられない」。復元事業の完了から今年で10年を迎えてもなお、被害住民の苦悩は深い。

コンバインで稲刈りをしたり、トラクターで田起こしをしたりする際、水田のぬかるみで立ち往生する―。富山市婦中町の60代男性は約10年前から、そんな事態にたびたび直面してきた。

現場は約30アールの復元田。当初はハンドルを大きく切った際に深みにはまることが多かったため、「無理な方向転換で地面がえぐられ、ぬかるみが深くなったのかもしれない」と思っていた。

だが、2年前にコンバインで作業中、直進していた箇所で動けなくなった。直進する場合はコンバインから地面への負荷が小さく、本来はあり得ない。「地盤に問題があるのではないか」。そんな疑問が湧き上がった。

イ病や土壌汚染の被害団体、神通川流域カドミ被害団体連絡協議会（被団協）によると、復元田の地盤の緩みが現れ始めたのは1990年代初頭。80年から2012年まで四つのエリア別に行われた復元事業のそれぞれの終了時期からある程度の期間をおいて、さみだれ式に発生した。

原因について、県は「復元工事で水田の地中に埋められた汚染土と表土を遮る『耕盤』が沈下したため」とみる。耕盤が低下した所に土壌が入り込み、ぬかるみが深くなるという。

「工事に問題があった」とみる向きもある。被団協関係者の1

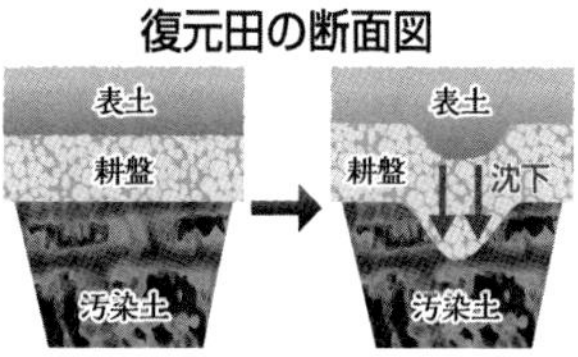

昨年の稲刈りでコンバインが通った跡が残る軟弱箇所。所々に水たまりがある＝富山市婦中町

人は、工事を請け負った業者から「地中に水が流れていたため、埋め込んだ汚染土がなかなか固まらなかった」と打ち明けられ、「耕盤がもろくなる引き金になったのでは」と受け止めた。

農業への影響は深刻だ。コンバインなどが立ち往生するたび作業が中断し、重機などを使って引き上げるのにも手間がかかる。約40ヘクタールを耕作している同市婦中町の70代男性は「田んぼ1枚全ての稲刈りをあきらめたこともある」と言う。機械への負担が大きいため、故障も起きやすい。それらのリスクから耕作を放棄するケースも出てきた。

婦中土地改良区や地元農家によると、4年ほど前には直径、深さとも1メートルほどの陥没が生じた。その時、田に張られた水が滝のように底へ流れ込み、浸透していたという。

被団協の髙木勲寛代表は「安心して農業を続けられる環境ではない」と苦渋をにじませる。

土壌汚染で長期間の作付け停止を余儀なくされた上、復元完了後に耕作を再開しても新たな困難に見舞われる農家。公害がもたらす不条理から今も逃れられない。

◎ズーム

カドミ汚染田の復元　神岡鉱山（岐阜県飛騨市）から流れ出たカドミに汚染された水田は神通川流域の富山市婦中町、新保地区を中心に1686ヘクタール。このうち商業地や公共施設用地などへの転用で除外された分を除く863ヘクタールが、1980～2012年に復元された。総事業費は407億円。

剝ぎ取った汚染土を水田の地中に埋め込み、その上に石や砂交じりの「耕盤」と呼ばれる層

関連記事 186

を造った後、粘土質の表土をかぶせる工法で進めた。

県計画　26年度まで650カ所補修

県は2003年度から対策工事に取り組んでおり、26年度まで計約650カ所の補修を終える計画だ。

見込まれる事業費は約6億5500万円。県や国、富山市からの補助金と地権者らの負担金、カドミ汚染を引き起こした原因企業、三井金属鉱業からの協力金で賄う。

計画に盛り込まれた箇所以外でも新たに軟弱地盤が発生しているが、27年度以降も工事を続けるかどうかは未定だ。県農村整備課の宮﨑雅仁主幹・課長補佐は「原因企業の対応がポイントになる」と説明する。

被団協の髙木代表は「カドミ汚染に起因する工事であり、これまで通り企業側の協力も得る形で継続すべきだ」と訴える。

2022年4月16日

イ対協 新旧会長が来社

幅広い救済に意欲

四大公害病の一つ、イタイイタイ病の患者団体「イ病対策協議会」の小松雅子会長と髙木勲寛前会長、江添良作副会長が15日、就退任あいさつで北日本新聞社を訪れ、カドミウムによる健康被害の幅広い救済に尽力する考えを示した。

3月下旬に就任した小松会長は、カドミを摂取して起きるイ病前段症状の腎臓障害患者が神通川流域に多い現状を踏まえ、「公害は過去のものではない」との考えを改めて強調。障害の有無を確認するための住民健康調査や、救済策である一時金支給制度の周知を訴え、「その呼び掛けを通じ、風化防止にもつなげたい」と述べた。

土壌汚染などの被害団体、神通川流域カドミ被害団体連絡協議会（被団協）の次期代表に内定している江添副会長は、カドミ汚染復元田で軟弱地盤の発生が相次いでいることを受け、「（被害地域の）各地区代表らと（対応を）話し合い、前に進めたい」と語った。

被団協代表を兼ねてきた髙木前会長は、行政を巻き込んだ再汚染防止の必要性を述べた。平岡孝進事務局長が同行した。

カドミによる健康被害の救済などに意欲を示す
小松会長（中央）、髙木前会長（左）、
江添副会長（右）

関連記事 188

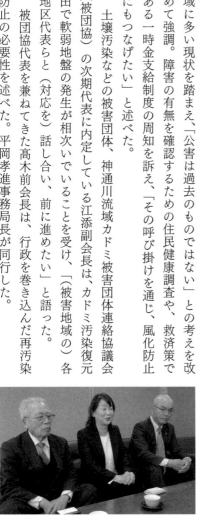

県イ病資料館 開館10年 祖母が患者 教訓つなぐ
公害の悲劇 風化させない
男性2人 新たな語り部

2022年4月30日掲載

神通川流域で発生した四大公害病の一つ、イタイイタイ病の歴史を紹介する県イ病資料館（富山市友杉）が29日、開館10年を迎えた。その節目に、同館「語り部」の新メンバーとして、患者を祖母に持つ60代の男性2人が加わった。来館者に伝えたいのは、耐え難い痛みに苦しめられた患者の無念や、公害克服の歩みに刻まれた教訓。2人は「イ病の歴史を風化させてはならない」と次世代への伝承に決意を込める。

語り部は2012年のイ病資料館オープンと同時に発足。家族や医療従事者などとして患者に寄り添った体験から、イ病の肉体的、精神的苦痛を伝え、公害の罪深さを浮かび上がらせる役割を担う。高齢を理由に退くメンバーが出る中、同時に2人増えるのは初め

県資料館で「子どもにイ病の歴史を伝えたい」と話す島﨑さん＝富山市友杉

汚染田復元などの様子を撮影した写真を手に、「語り部」活動への意欲を語る杵山さん＝富山市内

てで、計12人となった。

新たに加わったのは富山市婦中町青島の島﨑定則さん（69）と同市婦中町広田の杵山《ほうさやま》明さん（66）。いとこ同士で、祖母の島﨑タカさんが認定患者だった。

タカさんは1965年ごろ、60代でイ病を発症して足腰に激しい痛みを訴えるようになった。壁に手を当てながら歩き、トイレに行くのもやっと。腕や手足に注射を繰り返し、皮膚が赤黒く変色していた。

同居していた島﨑さんはタカさんが83歳で亡くなるまで、その姿を目の当たりにした。「奥歯をかみしめ、眉間にしわを寄せながら、苦しみに耐えていた」。痛々しい様子が今もまぶたに浮かぶ。

島﨑さん一家が抱えたもう一つの苦難が、イ病の原因となるカドミウムによる水田汚染だった。復元まで長期間にわたり作付け停止を余儀なくされ、祖父は「コメを作れる日は来るのか」と苦渋をにじませていたという。

それらの記憶から教訓を感じ取ることができたのは、2021年の地元自治振興会長就任がきっかけだ。安全な地域づくりに思いをはせると、命やそれを育む環境を脅かした公害の残酷さが胸に迫った。「公害の歴史が忘れ去られるのは良くない。次代を担う子どもらに伝え、自然環境の大切さを訴えたい」

一方、杵山さんは祖母の思いだけではなく、汚染田復元に奔走した父の志も受け継ぐ考えだ。地元集落営農組織の代表やJAあおば常務理事を務める立場から、復活した美田を守ることの大切さを伝えていく。

関連記事 190

さらに強調するのは、被害者と原因企業が協力して神通川のカドミ濃度を自然界レベルにまで改善したことの意義だ。「企業を存続させつつ再汚染防止を進める取り組みは、SDGs（持続可能な開発目標）の理念にも通じる」。公害克服の足跡から導き出される「尊い教訓」を多くの人に広めたいと願っている。

＊

「語り部」講話は10人以上のグループで申し込める。問い合わせはイ病資料館、電話076（428）0830。

小松さん（イ対協会長　語り部）10周年で講話

資料館　父の念願だった

2022年4月30日掲載

県イ病資料館の10周年記念事業が29日、同館に隣接する県国際健康プラザ生命科学館で行われ、開館時からの語り部でイ病対策協議会長の小松雅子さん（66）が講話した。

小松さんは、初代会長で父の故義久さんが資料館建設決定の際に

講話で父の故義久さんのエピソードを語る小松さん（奥）＝富山県国際健康プラザ生命科学館

「長年の夢がかなった」と語ったことを紹介。同館を拠点に教訓を語り継ぐことが大切だとし、「二度と公害を起こしてはならない」と訴えた。建設を推進した石井隆一前知事も姿を見せた。

式典には県や富山市、被害者団体関係者ら約70人が出席。新田八朗知事が「貴重な資料や教訓をしっかり後世に継承する」、野田八嗣館長が「困難を克服した先人の英知を未来へつなぎたい」とあいさつした。

橘慶一郎、上田英俊、吉田豊史の各衆院議員、野上浩太郎、柴田巧の両参院議員、藤井裕久富山市長らが祝辞を述べた。宇宙飛行士、毛利衛さんが特別講演した。

〈けさの人〉　清流保全　今後も担う

神通川流域カドミウム被害団体連絡協議会代表になった　江添《えぞえ》　良作《りょうさく》さん

2022年5月21日掲載

四大公害病の一つ「イタイイタイ病」を引き起こすカドミウム再汚染の防止に取り組む団体トップとして、発生源の神岡鉱山（岐阜県飛騨市）の監視継続に決意を示す。

根底にあるのは「富山県の真ん中を流れる神通川の環境保全を、この団体が担ってきた」という自負だ。1972年、イ病訴訟の勝訴確定に伴い原因企業の三井金属鉱業と結んだ公害防止協定に基づき、鉱山への立ち入り調査を継続。神通川のカドミ濃度を自然界レベルにまで改善した。

関連記事 192

法廷闘争をリードした父の故・久明さん、そのバトンを引き継いだ自らも関わった清流復活への歩みは、公害克服の模範事例として歴史に刻まれている。「住民による厳しい監視があったからこそ、企業が一生懸命努力した」と振り返る。

江添良作さん

担い手の若返りが進む一方、活動を支える財源確保が必要となっている。「持続性を高めるための指針を、企業と一緒に作りたい」と意気込む。

もう一つの課題は、カドミ汚染復元田で相次ぐ軟弱地盤の発生だ。水田地下に汚染土を埋め込んだ際に造られた耕盤が沈むのが原因とみられ、農作業に支障を来している。行政による補助金や原因企業からの協力金で補修工事が行われており、「不具合が起きる限り、県を中心に工事を進めるのが原則」と訴える。

県イ病資料館の「語り部」としても活動。患者だった祖母の苦悩や父の足跡を伝えている。富山市任海在住。72歳。

公害克服の教訓 継承

環境政務官 被害地視察で意欲

穂坂泰環境政務官は26日、イタイイタイ病被害者団体の活動拠点・清流会館（富山市婦中町萩島）と、県イ病資料館（同市友杉）を訪ね、法廷闘争を経て住民と原因企業の連携による再汚染防止活動に至った歩みに理解を深めた。環境教育を通じ、公害克服の教訓を継承することに意欲を示した。

四大公害病で初めて患者側が勝訴し、その判決が確定して8月で50年となる時期に合わせた視察。清流会館では、イ病の歴史を伝える「語り部」の小松雅子イ病対策協議会長が講話をし、触られただけで激痛が走り、火葬された遺体の骨がほとんど残らないという病の残酷さを説明した。イ病前段症状である腎臓障害を患う母の様子から、カドミウムによる健康被害が今も残る現状を訴えた。

2022年7月27日掲載

江添代表（中央）から汚染田復元事業について説明を受ける穂坂政務官（左）＝清流会館

神通川流域カドミ被害団体連絡協議会の江添良作代表らはカドミ汚染田復元や、原因企業と共に進めたカドミ流出防止の取り組みを説明。復元を終えた田の地盤が軟弱になり、補修が課題になってい

関連記事 194

ることも伝えた。さらに、同会館にある再汚染防止や汚染田復元の関係資料について、電子化による保存を求めた。

視察終了後、穂坂政務官は取材に「環境教育によってイ病の歴史を継承したい」と述べ、資料保存についても「全面的に支援する」との考えを示した。腎臓障害患者の救済については「(公害病としての)認定は難しい」とし、従来の環境省の姿勢を踏襲した。

県公害審査会
91歳女性 イ病認定へ

2022年8月1日掲載

四大公害病の一つ、イタイイタイ病の患者認定の可否を検討する県公害健康被害認定審査会(会長・中村利孝産業医科大名誉教授)は31日、富山市の高志会館で開き、イ病発症の可能性がある「要観察」とされていた富山市の91歳女性を認定相当と判定した。2015年に2人が認定されて以来、7年ぶり。患者は累計201人で、うち生存者はこの女性を含む90代の2人となる。

女性は21年10月の認定審査会での「要観察」判定を経て、22年1月、

91歳女性をイ病認定相当とした富山県公害健康被害認定審査会＝高志会館

県に患者認定を申請していた。

イ病の認定には、神通川流域での居住歴や腎臓障害があることなど4条件がそろわなければならない。最大のポイントは、骨が極度にもろくなる骨軟化症で、過去にはこの症状が明確でないとして認定されないケースが目立った。

今回の審査会ではエックス線や尿、血液検査などから骨軟化症と認められた。非公開で行われた審査会後に会見した守田万寿夫・県健康対策室長は「(骨を削って検査する)骨生検は、本人の体への負担が重く、必要ないとされた」と述べ、高齢の患者に配慮した審査だったとの意向をにじませた。

県は今回の判定を受けて速やかに事務手続きに入り、申請時点の1月にさかのぼって認定する。原因企業の三井金属鉱業(東京)との誓約書に基づき、医療費や賠償金などが支払われる。

認定患者以外に要観察者は累計344人。この日の審査会では生存している富山市の80代女性の管理検診についても協議し、引き続き要観察相当とされた。

〈解説〉公害の罪深さ浮かぶ

7年ぶりのイ病認定相当の判定は、カドミウムによる深刻な健康被害が今なお存在していることを改めて示した。

判定を受けた女性は神通川流域で生まれ育った。幼少の昭和初期は日本が戦争に突き進んだ時代で、軍需産業の一翼を担った神岡鉱山からのカドミ流出量が多かったとされる。

その頃から戦後まで体内に取り込んだカドミが腎臓に障害を起こし、骨を弱くしている。いっ

関連記事 196

たん起きた大規模汚染が長期間にわたり人々を苦しませる公害の罪深さが浮かび上がる。だからこそ、この歴史を風化させず、教訓を後世に伝えていかなければならない。

さらに、骨の病に至らなくても腎臓障害を抱える住民は３５０人を超え、人工透析が必要な人もいる。社会全体で、裾野が広い健康被害と引き続き向き合い、救済を進める必要がある。

２０２２年８月１日掲載

患者認定された91歳女性
苦しみは消えない

安堵《あんど》しつつも、消えない苦しみへの不安が脳裏をよぎる。31日、県公害健康被害認定審査会でイタイイタイ病認定相当と判定を受けた富山市の91歳女性。「うれしいけど、痛みはとれん」と、複雑な胸中をのぞかせた。

女性は10代から農作業に励み、40歳の頃から脚や膝が痛み始めた。カドミウムに汚染されているとも知らず、川水を飲んだり、汚染米を食べたりしていた。50代の時には農作業ができなくなり、80代以降は転んで骨盤や脚を複数回骨折した。

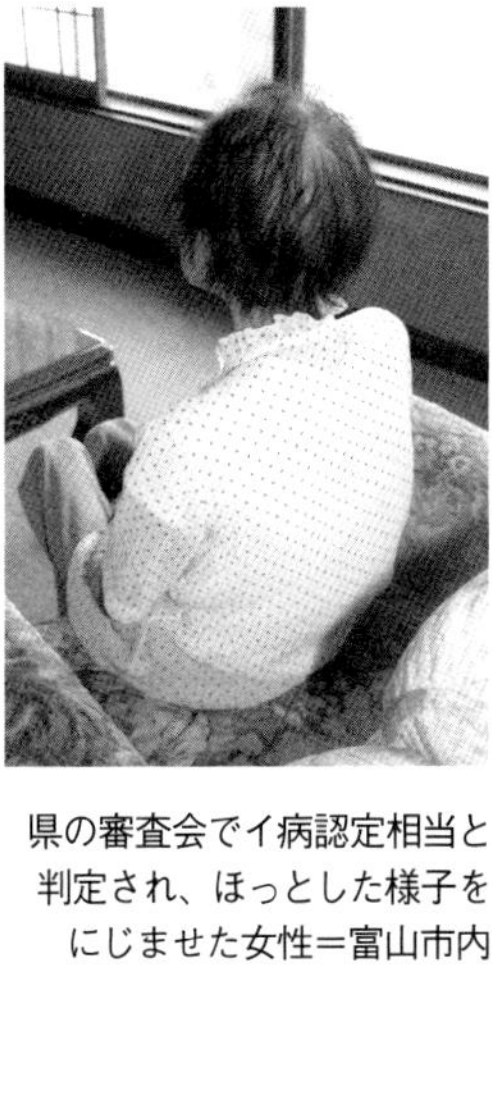
県の審査会でイ病認定相当と判定され、ほっとした様子をにじませた女性＝富山市内

昨年秋の「要観察」判定を経て、今年1月に患者認定申請をした。約50年にわたって苦痛に悩まされ、患者認定を受けることで「少しでも気休めになれば」と願ったからだ。

布団が脚に触れただけで激痛が走り、目が覚めることがよくある。そんな時、横たわったまま手を合わせ祈った。「（審査会で）イタイイタイ病に認められますように」と。

だが、「認定されないのではないか」という不安は付きまとった。今春、認定審査の判断材料となるエックス線検査を県内の公的病院で受けた際、医師から「イ病とは判断できない」との見方を示されたからだ。

骨を削る「骨生検」を打診されたが、高齢で体への負担が大きいため断った。その時、「死んだ後に（解剖し）認定してもらうしかない」とまで思い詰めた。

一方、主治医は「イ病の原因はカドミ」との説を打ち出した故萩野昇医師が運営していた萩野病院（富山市婦中町萩島）院長、青島恵子医師。骨を硬くする働きが衰えていることが血液検査で分かり、申請前からイ病と診断。骨を強くする治療にも入っていた。

審査会はそれらの診療記録とエックス線や尿検査結果などを総合的に検討。骨生検は必要ないとした上で、患者認定相当と判断した。

知らせを受けた女性は「もし、駄目だったら弱ったことだと思っていたけど、おかげさまで」と喜んだ。

ただ、苦しみから逃れられない状況に変わりはない。かつて原因が分からないまま「痛い、痛い」と苦しんで亡くなっていった地元のイ病患者の姿と、今の自分が重なる。「我慢しながら、やっていく

関連記事 198

しかない」と前を向く。

小松雅子・イ病対策協議会長は「患者さんの苦しみに寄り添っていきたい」と話し、サポートの継続を誓った。

イ病教訓伝承誓う

勝訴確定50年法要

2022年8月10日掲載

四大公害病の一つ、イタイイタイ病患者らの勝訴確定50周年を記念した追悼法要は9日、富山市総曲輪の本願寺富山別院で営まれた。患者団体「イ病対策協議会」のメンバーら約50人が、無念の思いを抱えて亡くなった患者や裁判闘争をリードした先人をしのんだ。

法要で小松雅子会長は「汚染された環境を取り戻す大変さを教訓として継承し、惨禍が繰り返されないよう国内外へ発信したい」と述べた。

多くの患者を診療してきた萩野病院（富山市婦中町萩島）の青島恵子院長は講話で、県の審査会が7月末、「要観察」とされてきた女性を認定相当と判定したことに触れ「検査も受けずに見逃されている患者

「イ病の教訓を継承し、国内外へ発信したい」と述べる小松会長（手前）＝本願寺富山別院

が他にいるかもしれない」との見方を示した。
　患者らが原因企業に賠償を求めた訴訟は1971年の一審判決で、四大公害病で初めての住民側勝訴という歴史を刻んだ。控訴審では判決が出る前に企業側が上告しない方針を示し、72年8月9日に再び住民側勝訴が言い渡された。

関連記事 200

〈特集〉問い続け　伝え続ける

歴史の教訓　未来開く　イ病勝訴50年

２０２１年８月１日掲載

イタイイタイ病は教育現場で、どう教えられているのか。

「高度経済成長期には、工場などから出る廃液や排ガスによる公害が次々に起こりました。なかでも、水俣病・新潟水俣病・四日市ぜんそく・イタイイタイ病は、深刻な被害を生みました」

県内中学校で使われる歴史教科書で、他の四大公害病と共に説明したくだりだ。事実関係を淡々と述べているにすぎないが、そこには尊い教訓が隠されている。

新聞で伝え、記録してきた克服の歴史をひもとくと、人類の悲願である「公害撲滅」への道筋が浮かぶ。

一方で、経済成長にまい進した戦後日本が引き起こしたイ病が、今も私たちに問うている課題がある。

命を尊重する社会を、どう実現するか—。答えはまだ見つからない。

今年はイ病患者らが原因企業に賠償を求めた訴訟で勝利を得てから50年。命を守ることと経済活動

カドミウム汚染を解消し、清流がよみがえった神通川
＝富山市婦中町添島の左岸から撮影

とのはざまで揺れるコロナ禍の今、その問いの重みはさらに増している。だからこそ、イ病の記憶を風化させてはならない。

きょう1日、創刊137年を迎えた北日本新聞は、多くの犠牲の上に積み重ねられた歴史や教訓を伝承し、今を伝えていく。より良い未来を実現するために。

弱者に寄り添い報道　コロナ禍と重なる偏見

手足を何カ所も骨折し変形した身体、背の圧迫骨折で身長が縮み、小学生よりも小さくなった成人女性…。

イタイイタイ病の存在が、発生地の神通川流域以外で知られるようになった1955年8月、北日本新聞が初めて掲載した患者の写真だ。

その現場は、被害が最も大きかった婦中町熊野地区（現富山市）で地元の萩野昇医師らが行った集団検診。「これまで、これほどの病が医学の光にさえぎられていたのがまず不思議な話だが」。記事につづられた言葉に、「業病」「風土病」といった偏見を恐れるあまり患者の存在が隠され、救済が遅れていた実態が浮かぶ。

その6年後、萩野医師や農学博士らが「イ病の原因はカドミウム」との説を打ち出し、患者救済への転機となった。本紙は61年6月、この学説を報じる。発生源にも踏み込み、「（カドミなど

関連記事 202

の）重金属は神通川上流の神岡鉱山から流出する廃水に含まれる」との見方を紹介した。科学に裏付けられた真実の光がようやく被害者に当たった。

カドミ原因説に確信を抱いた患者らは68年、神岡鉱山を運営する三井金属鉱業に賠償を求めて提訴。国がこの説に沿って公害病と認めたことが追い風となり、71年に一審で全面勝訴にこぎ着けた。

北日本新聞 夕刊

原告の全面的勝訴

イタイイタイ病裁判

三井金属の責任明記

請求額ほぼ認める

富山地裁

裁判所の勇断に敬意

公害絶滅へさらに前進

事実を誤認した判決

控訴は検討して決定

完全勝利と判断

審理促進につとめた

新聞も証拠に採用

イ病訴訟・一審での原告勝訴を報じた夕刊。喜びに沸く支援者の写真（中央）から現場の熱気が伝わる＝1971年6月

「目頭押さえる患者 生きていてよかった」「裁きの庭にVサイン」。四大公害病で初めての住民側勝訴という歴史的判決が出された71年6月30日の夕刊の見出しだ。法廷闘争をリードしたイ病対策協議会長、小松義久さんが晴れやかな笑みを浮かべる写真もある。翌日の朝刊では、司法が初めて企業責任を認めた意義や公害行政転換への波及の

可能性を指摘した。

72年8月の二審判決で患者側の勝訴が確定した際には、被害者団体が東京の三井金属本社に乗り込み、患者救済の誓約、公害防止協定締結などに至った経緯を詳報。「患者の〝怨念〟に三井降伏」「11時間攻めまくる」。そんな見出しを付け、住民側の粘り強い交渉で企業側の譲歩を引き出したことを伝えた。

被害者団体と原因企業との全面解決合意を伝える記事。歴史の大きな節目を記録した＝2013年12月

裁判後も被害者に寄り添う報道姿勢を貫き、患者認定や汚染田復元、カドミ流出防止を巡る動きを追った。大きな節目となったのは、被害者団体と原因企業が2013年12月に結んだ全面解決合意だ。公害病に認められていないカドミ腎症患者救済に道を開いたことを評価する一方、腎症の公的救済を視野に入れた患者認定基準見直しの必要性に言及している。

関連記事 204

勝訴50年を迎えた今年は、2～7月に連載企画「神の川 永遠に―イ病勝訴50年」を展開。患者や家族の苦悩を通してコロナ禍の今と重なる差別・偏見の問題を浮き上がらせるとともに、住民と原因企業が「緊張感ある信頼関係」を構築した末に成し遂げた神通川の水質改善、汚染田復元の取り組みなどを紹介した。

取材記者「私の思い」

「命の軽視」克服したか

編集委員 宮田 求（54）

宮田　求

1968年、法廷闘争に踏み切ったイ病患者らに批判の矛先が向けられる不条理は、なぜ起きたのか。連載「神の川 永遠に」の取材で抱いた大きな疑問だ。

「地元のコメが売れなくなる」などの批判の根底にあったのは、地域全体の利益を守るため一部の犠牲はやむを得ないと考える住民意識―。差別問題に詳しい識者からそんな見方を示され、ふに落ちた。

公害対策よりも経済発展という国益を優先した高度成長期の行政や企業の姿勢、国民意識とも重なる。命を軽視することにつながる考え方だ。私たちはそれを克服できたか。今後も問い続けたい。

伝え方 自問自答

政治部長 片桐秀夫（50）

イ病を初めて取材したのは2000年夏だ。旧婦中町で汚染田の転用が見込み通りに進まない状況を報じた。復元が完了した12年春には連載「大地再び」で、農家の苦悩や婦中のまちづくりの曲折を探った。

取材を始めた頃、婦中にマイホームを建てた。汚染田の上に住み続けるのも富山の記者の〝宿命〟と思った。周囲は次々と開発され、公園になった地でスケートボードの技を磨いた少女は、東京五輪で銅メダルを手にした。

風景は変わり、汚染田だったと知る人も減った。どう伝え続けるか―。窓の外に目をやるたび自問自答する。

片桐　秀夫

問題 終わってない

論説委員 今川克代（50）

「これで全て終わりという意味ではない」。2013年12月の「全面解決」を取材した際、被害者団体のメンバーが語った言葉が強く印象に残っている。

あれから8年。今なお苦しむ患者がいる。全面解決で着手した「カドミウム腎症」の救済は道半ばだ。汚染を防ぐため、神岡鉱業への立ち入り調査が今年も行われた。イ病は終わっていないと実感する。

勝訴から50年がたち、当時を知る関係者の多くが亡くなった。歴史と教訓を次代につなぐ活動は重

今川　克代

関連記事 206

要性を増している。惨禍を二度と繰り返さないため、やるべきことを考えていきたい。

地道な行動大切

西部本社高岡編集部　浜田泰輔（35）

イ病の「全面解決」後の２０１４年、被害者団体による原因企業への立ち入り調査を同行取材した。あれから7年。調査は50回の節目を迎え、形式的になるどころか、相次ぐ自然災害や施設の老朽化を背景に意義を増しているように思う。

「ＳＤＧｓ」や「脱炭素」が花盛りだ。スローガンの下、環境への意識を変えていくことは欠かせない。一方で、企業も行政も言葉をファッションのように使う現状に危うさを覚える。地道なアクションでしか環境は守れない。半世紀に及ぶイ病の被害者団体と原因企業の歩みが、それを教えてくれる。

浜田　泰輔

語り部講話を聞いて

尊厳奪う残酷さ知る

文化部　鴨島　舞（23）

「激痛に苦しむばあちゃんに何もしてあげられんかった」。7月下旬、県イタイイタイ病資料館（富山市友杉）で、語り部の大上久彦さん(77)が、イ病患者の祖母に寄り添った思い出を振り返っていた。看護学生向けに行われた講話。その場に同席し、患者や家族を絶望の淵に追い込むイ病の罪深さを思い知った。

鴨島　舞

大上さんは、多くの患者がいた富山市婦中町萩島に住む。語ってくれたのは、1972年に85歳で亡くなった祖母の20年以上にわたる闘病生活の様子だ。

神岡鉱山（岐阜県飛騨市）から流れ出たカドミウムを体内に取り込んで、腎臓障害や骨軟化症を起こし、くしゃみをしただけで激痛が走ったり、骨折したりするイ病。「脚も腰も、痛て、痛て、たまらんちゃ」。そう叫ぶのを何回も聞いた。家族らが「何とかしてあげたい」と思い、脚をさすろうとすると、「触られると、もっと痛くなるから」と拒まれた。

イ病は50年代まで原因が分かっておらず、治療法は確立されていなかった。患者がどれだけ苦しんでいても、なすすべがなかった家族の心情を考えると、身につまされた。

亡くなった時には、家族から「ばあちゃん、これで楽になったねか」との声が漏れたという。

この病にかかった人は、死によってしか救われなかったのか―。そんな思いが胸をよぎった直後、大上さんがさらにショッキングなエピソードを打ち明けた。「遺骨が少なく、骨つぼの半分くらいしかなかったのです」。生の尊厳だけでなく、遺骨までも奪うイ病。その残酷さは、どれほど言葉を重ねても表現できない。

イ病については国内四大公害病の一つと、中学校や高校の歴史の授業で習ったが、実は「昔の出来事」としか受け止めていなかった。

救済の手が届かなかった患者の無念、寄り添う家族の苦悩…。大上さんの講話から、その思いの深さをリアルに感じ取ることができた。そんな悲劇を二度と起こさないための教訓として、克服の歴史を末永く伝承していかなければならない。4月から記者になった私も、その一翼を担えたらと思っている。

関連記事 208

先達の目

50年前、イタイイタイ病訴訟を取材した記者たちは現場で何を感じたのか。その経験を踏まえた報道の在り方とは。先達の2人に聞いた。

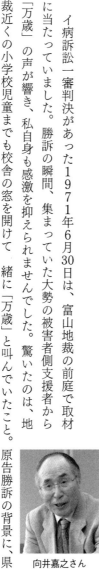

世論の形成に役割

北日本放送元ニュースキャスター　向井嘉之さん（77）

イ病訴訟一審判決があった1971年6月30日は、富山地裁の前庭で取材に当たっていました。勝訴の瞬間、集まっていた大勢の被害者側支援者から「万歳」の声が響き、私自身も感激を抑えられませんでした。驚いたのは、地裁近くの小学校児童までも校舎の窓を開けて一緒に「万歳」と叫んでいたこと。原告勝訴の背景に、県民世論の支持があったことを示す象徴的な場面でした。

向井嘉之さん

その世論を喚起するのに、北日本新聞は大きな役割を果たしたと思います。特に意義深かったのは、70年5月に黒部市のカドミウム汚染を報じたスクープです。イ病訴訟のさなかに、神通川流域と類似の汚染を明らかにしたことのインパクトは強烈でした。

県民はカドミ被害の恐ろしさを再認識し、「第二のイ病を引き起こしてはならない」との危機感を抱いたのではないでしょうか。そうした世論が行政を動かし、県の公害防止条例改正にもつながりました。

一方で、県内ジャーナリズムが反省すべき点もあります。55年に初めてイ病について報道されたものの、翌年以降10年の記事数が少なかったことです。産業振興を重視する行政の路線を支持していたメディアは、公害報道に積極的ではなかったとみられます。今後の報道の在り方を考える上でも教訓とすべき課題です。

時代の変わり目実感

北日本新聞社元常務　河田　稔さん（77）

イ病訴訟には一、二審を通じて関わり、公害裁判で初の原告勝訴という、時代の変わり目に立ち会えました。今も時々、その場面が脳裏によみがえります。

河田　稔さん

関連記事 210

特に印象に残っているのは、原告勝訴確定を受けた被害者側と三井金属鉱業との直接交渉です。二審判決翌日の1972年8月10日。東京の三井金属本社の会議室は双方の出席者や報道陣の熱気がこもっていました。

企業側は裁判に負けたとはいえ、言葉の端々に被害者側の要望を受け入れることへの強い抵抗感をにじませていました。しかし、論客がそろう被害者側弁護団とのせめぎ合いの末、公害防止や汚染田復元など全ての要求をのみました。午前10時に始まった協議が終わったのは午後9時。住民側が企業の論理を突き破った瞬間を目の当たりにし、高揚感を覚えました。

70年代は黒部市のカドミウム汚染や、高岡市のぜんそく被害などが次々と明らかになり、富山県が「公害デパート」と呼ばれた時期でした。神通川流域や黒部市と同様にカドミ汚染が起きていた群馬県安中市や、新潟水俣病の被害地にも取材に出向きました。

キャンペーン報道を積極的に展開するなど、公害問題に社を挙げて取り組んだ姿勢が、今も北日本新聞のバックボーンとなっていると思います。

本紙「神の川 永遠に」奨励賞

平和・協同ジャーナリスト基金賞

2021年12月3日掲載

平和や人権擁護などの分野で優れた報道を顕彰する「平和・協同ジャーナリスト基金賞」の受賞作品が2日、発表され、奨励賞に北日本新聞の連載企画「神の川 永遠《とわ》に―イ病勝訴50年」が選ばれた。

「神の川 永遠に」は、神通川流域で発生した四大公害病の一つ、イタイイタイ病の患者らが訴訟で勝利して今年で50年になるのに合わせ、2〜7月に掲載。患者の苦悩を浮かび上がらせるとともに公害克服の歩みを再検証し、経済成長の「負の側面」に迫った。宮田求編集委員が取材・執筆を担当。「綿密な取材でイ病の全容を改めて明らかにした大作」と評価された。

同基金賞は、市民団体「平和・協同ジャーナリスト基金」（東京）が運営し、今年で27回目。全国から88点が寄せられた。

◇大賞＝渡辺延志・元朝日新聞記者「歴史認識　日韓の溝」◇奨励賞▽千葉紀和、上東麻子毎日新聞記者「ルポ『命の選別』　誰が弱者を切り捨てるのか？」▽共同通信取材班「わたしの居場所」▽池尾伸一東京新聞編集委員「魂の発電所　負けねど福島　オレたちの再エネ十年物語」▽札幌テレビ放送「核のごみは問いかける　『尊重』の先には…」▽イラストレーター・橋本勝氏の長年にわたる一連の政治風刺漫画◇審査委員特別賞＝ＲＫＢ毎日放送「永遠の平和を　あるＢＣ級戦犯の遺書」

関連記事 212

イ病題材「神の川　永遠に」

本紙に新聞労連特別賞

2022年1月19日掲載

新聞労連は18日、平和・民主主義の発展や人権擁護に貢献した報道を表彰するジャーナリズム大賞を発表し、特別賞に四大公害病の一つ、イタイイタイ病をテーマとした北日本新聞の連載「神の川　永遠に――イ病勝訴50年」が選ばれた。イ病患者らの勝訴から2021年で50年になるのに合わせ、同年2～7月に掲載。克服の歴史を再検証しつつ、コロナ下の誹謗《ひぼう》中傷と共通する患者差別などの社会病理に迫った。「地元紙として風化にあらがい、記憶の伝承に取り組んだ。コロナ禍という世界的テーマを地方の目線で紡いだ点も秀逸だ」と評価された。

宮田求編集委員が取材・執筆を担当。平和・協同ジャーナリスト基金賞・奨励賞に続く受賞となった。

新聞労連ジャーナリズム大賞は本年度で26回目。24点の応募があり、大賞に毎日新聞の「特権を問う――日米地位協定60年」が決まった。他の受賞作は次の通り。

▽優秀賞＝「防人」の肖像　自衛隊沖縄移駐50年（沖縄タイムス）五色のメビウス　ともにはたらき　ともにいきる（信濃毎日新聞）▽特別賞＝航空自衛隊那覇基地から流出した泡消火剤に有害物質が含まれていることを突き止めた一連の報道（琉球新報）「核のごみ」の最終処分場選定に向けた全国初の調査を巡る報道（北海道新聞）▽疋田桂一郎賞＝長崎市の私立海星高いじめ自殺問題を巡る一連の報道（共同通信）

農業ジャーナリスト賞　本紙イ病連載

「神の川　永遠に」受賞

２０２２年４月29日掲載

農林水産業や農山漁村の地域問題などに関する優れた報道を対象にした第37回農業ジャーナリスト賞に28日、四大公害病の一つ、イタイイタイ病をテーマとした北日本新聞の連載企画「神の川　永遠に―イ病勝訴50年」が選ばれた。イ病患者らの勝訴から２０２１年で50年になるのに合わせ、同年２～７月に掲載。汚染田復元など公害克服の歴史を再検証しつつ、イ病が農村にもたらした差別の問題を通じ日本の社会病理を浮き彫りにした。「長い闘いの歴史をつなぎ、絶対に風化させないという地方紙の熱意と執念が伝わる力作」と評価された。

宮田求社会部編集委員が取材・執筆を担当。平和・協同ジャーナリスト基金賞・奨励賞、新聞労連ジャーナリズム大賞・特別賞に続く受賞となった。

農業ジャーナリスト賞は農政ジャーナリストの会（東京）が主催。21年の発表作品を対象に、阿南久・元消費者庁長官らが審査した。本社の受賞は第21回の「沈黙の森」、第28回の「千五百秋《ちいおあき》に」に続き3回目。今回、他に受賞した作品は次の通り。

▽農業ジャーナリスト賞＝俺たち、ムロヤ青年会～ゆるく　楽しく　元気よく～（新潟放送）　やまコレ「食べる喜びをもう一度～鶴岡　えん下のグルメ～」（ＮＨＫ山形放送局）▽特別賞＝本とみかんと子育てと～農家兼業編集者の周防大島フィールドノート（柳原一徳）

関連記事 214

あとがきに代えて

父の遺志・私の想い

イタイイタイ病対策協議会長　小松　雅子

富山県の神通川流域で発生し、死に勝る苦しみをもたらしたイタイイタイ病。その被害者の救済や、豊かな大地・清流の回復に向け闘い抜いた父、小松義久の背中を見て、私は育ってきました。父の遺志を受け継ぎ、悲惨な公害を二度と繰り返してはならないと誓っています。

1966年11月にイタイイタイ病対策協議会が結成され、父は会長として歩み始めました。原点には、イ病に侵された父の母、祖母の苦しみがありました。

父は、よくこう話していました。「2人は二重の不幸を背負っていた。一つは『業病』という世間からの偏見。もう一つは、何カ所も骨折して耐え難い痛みに襲われながら、当初は原因不明とされ、十分な治療が受けられなかったことだ」

患者さんたちの苦悩や葛藤を胸に刻み、財閥系の大企業を相手取った裁判闘争に臨んでいきました。

裁判が始まった後、地域の集会で、不退転の決意を口にしました。

「どうしても勝たなければならない。負ければ、『裁判のせいで米が売れなくなった』『嫁の来ない町にした』などと非難を受ける。そうなれば、先祖代々の戸籍を持って、この地を出ていかなければならない。それでも、了孫のためにやるしかない」

この言葉から、訴訟が「戸籍を懸けた闘い」と呼ばれるようになりました。

そして、裁判長に訴えました。「何の罪も、過失もない農民が、訴えを起こして参ったのでございます。裁判所の権威ある、正しい判断によりまして、一日も早く、勝訴判決をいただけるよう、お願い致します」。司法の良心に救いを求める一念が通じ、第一審で勝訴しました。

その一方、わが家で新たな悩みが発生しました。夜中の嫌がらせ電話です。二十数年間、苦しめられました。父は受話器を取って、ずっと黙って聞いていました。その内容は明かしませんでした。

両親が寝入っている時、私が電話に出たことがありました。声をつぶしたような低い野太い声で、「小松義久の娘か」。さらに命の危険をほのめかす怒鳴り声が響きました。

こんな不条理があっていいのか――。高校生だった私の胸に怒りと不安が交錯しました。

二審でも勝訴判決が言い渡され、ようやく公害克服への第一歩を踏み出すことができました。患者救済とカドミウム汚染田復元、神岡鉱山の発生源対策。眼前に横たわる大きな課題に、父は「山を越えたら、その向こうにまた山がある」と繰り返し語っていました。

その後も、救いの手がなかなか届かなかった患者さんに思いを寄せ続けました。患者認定の壁は高く、県の審査会で却下され、国の不服審査会でようやく逆転認定されるケースもありました。患者さんが亡くなられたという知らせが入るたびに、夜中でも、積雪時でも、病院へ出向いていていました。「やはり駄目だったか」と無念さをにじませる様子から、一人一人の容体を常に把握していたことがうかがえました。病理診断の解剖が終わるまで、暗い廊下で待っていて、心中にどんな思いが去来していたのでしょうか。

発生源対策については、判決を足掛かりに勝ち取った公害防止協定が最大の武器でした。協定に基づく立ち入り調査で、企業に問題点を指摘し、対策を迫り、実行させてきました。企業側の努力もあって、神通川の水質は自然界レベルまで回復し、清流を取り戻すことができました。これは世界の公害史にもない、誇るべき成果です。

汚染田復元事業は三十数年の歳月と407億円の巨費をかけて、2012年に完了。同じ年に父が待ち望んでいた富山県立イ病資料館がオープンしました。しかし、父はその2年前の10年2月に亡くなっていたため、目にすることはできませんでした。

私は公害の教訓を継承し、未来に伝えたいと、資料館の語り部を務めてきました。201人の認定患者を含む多くの人々に健康被害がもたらされ、家族と共に差別・偏見にも苦しめられた惨劇の歴史を決して忘れてはならないと訴えていきます。

22年3月、イ病対策協議会の第3代会長に就きました。父と同様、患者さんの苦しみと向き合い、寄り添っていくつもりです。

21年と22年は、それぞれ一、二審の勝訴判決から50年の節目でした。

その時期に、北日本新聞で企画「神の川 永遠に─イ病勝訴50年」が連載されました。報道を通じ、被害地域では今もなお多くの課題が残り、「イタイイタイ病は終わっていない」という重い現実が浮き彫りにされました。

患者への偏見・差別が新型コロナウイルス下の社会問題と重なるという視点も示されました。イ病克服の歴史に刻まれた教訓の意義や大切さが、人々の心に届いたのではないでしょうか。

法廷闘争に立ち上がった患者やその家族の苦悩、行政との対決も辞さず患者認定を目指した医師、再汚染防止に貢献した科学者…。それぞれの足跡を記録し、再評価する報道姿勢に、言論機関としての使命感を感じました。

この連載企画が書籍として発刊されることで、記憶の風化防止や教訓の継承につながると期待します。

また、連載以外で北日本新聞が報じた通り、被害地域の農家は今も復元田の地盤軟弱化に苦しめられ、カドミウム汚染の爪痕は残っています。22年8月には富山市の91歳女性が新たに患者認定されました。発生源対策はこれからも続きます。

終わりなき公害の罪深さ—。その認識を社会全体で共有していくためには、イ病にまつわる問題を掘り起こし、世論に訴える報道の役割は大切です。一つ一つの報道の積み重ねが記憶の風化を防ぎ、環境汚染のない社会の実現を後押しすると考えています。

著者略歴

宮田　求（みやた もとむ）　１９６６年、射水市生まれ。89年に早稲田大教育学部地理歴史専修を卒業後、北日本新聞社に入社。砺波支社を振り出しに社会部、政治部、八尾婦中支局、南砺総局などに勤務。地方自治や医療、福祉に絡む取材を主に担当。２０１９年から編集委員。共著に、医師不足で揺らぐ地域医療をテーマとした06年の「いのちの回廊」（ファイザー医学記事賞優秀賞）。

神《かみ》の川《かわ》 永《と》遠《わ》に

イタイイタイ病《びょう》勝《しょう》訴《そ》50年《ねん》

2023年1月25日

取材・執筆　宮田　求（北日本新聞社編集局）
発行者　蒲地　誠
発行所　北日本新聞社
〒930-0094　富山市安住町2番14号
電　話　076-445-3352（出版部）
FAX　076-445-3591
振替口座　00780-6-450

編集制作　北日本新聞開発センター
印刷所　とうざわ印刷工芸
装丁　山本あゆみ（Rikyu Design）
協力　イタイイタイ病対策協議会、富山県立イタイイタイ病資料館、神通川流域カドミウム被害団体連絡協議会、林　春希

定価はカバーに表示してあります。

ISBN978-4-86175-121-9　C0051　¥1800E